U0042603

賴爸爸的數學實驗

12堂生活數感課

賴爸爸的數學實驗
12堂生活數感課

作者／**賴以威**

繪者／張睿洋、大福草莓

遠流

$6\times6=6+6+6+6+6+6$

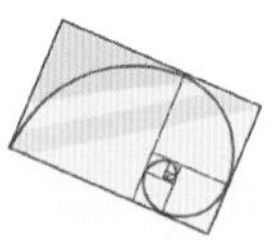

名家推薦

先透過動手操作獲取具體經驗，之後觀念的理解與掌握才會更有成效，數學的學習也不違背這種規律。因此設計有趣又不昂貴並能刺激思想活潑的實驗，是當今數學教育迫切需要倡議的工作。《12 堂生活數感課》圖文並茂、選材獨到、方便實踐，確實建立起優異的表率。

——**李國偉** 中央研究院數學所兼任研究員

讓數學除了計算，再加上動手做的樂趣吧！本書將一個個生活中的切身事物所產生的數學連結，以及情境中可討論的數學問題，轉化為操作型的活動，讓讀者除了從操作中學習，更可以結合美學與創意！從費氏數列到黃金矩形、影印紙中的比例、抽樣調查到擲筊，以及文字、遊戲與分蛋糕的數學等，歡迎拿起書，利用假期好好跟著玩！在這一本《12 堂生活數感課》找到你喜歡的單元，並從中感受數學的應用與美學吧。

——**李政憲** 藝數摺學 FB 社團創辦人、新北市林口國中教師

數學是一種藝術和語言，《12 堂生活數感課》就是最貼近孩子的翻譯 App，不僅趣味、淺顯、生活化，更讓孩子閱讀思考後，覺得數學的美一點都不遠。

——**林怡辰**《小學生年度學習行事曆》作者、彰化縣原斗國小教師

《12 堂生活數感課》透過生活化的數學問題，讓讀者了解數學並非抽象的學科。書中並規劃實驗實作的環節，淺顯易懂的讓讀者吸收數學知識、體會數學的趣味！

——**葉丙成** PaGamO 創辦人、臺灣大學電機系教授

「眼見不一定為憑，耳聞不見得既真。」鳳梨會加法？到廟裡問事，神明怎麼回答？毛毛蟲又怎麼演化？生活中各式各樣的謎團，都直指一個真相：「數學」。以威老師用平易近人的「數感」分析，輔以隨手可行的「實驗」證明，讓每個困惑的問號，都昇華成一個個的驚嘆號！誠摯向大家推薦這本值得親子共讀與師生閱讀的好書。

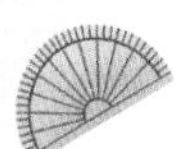

——**葉奕緯** 彰化縣田中高中國中部教師

數學是研究數與形的學問。一般學校的數學課程，以知識內容與邏輯推理為主，缺乏形成知識前的實作，容易讓人害怕。《12 堂生活數感課》以貼近日常生活的幾何形狀為主題，用實驗印證數學，讀來輕鬆卻含有深刻的數學知識，讓人更加有感。

——**張鎮華** 108 數學課綱召集人、臺灣大學數學系榮譽教授

$6\times6=6+6+6+6+6+6$

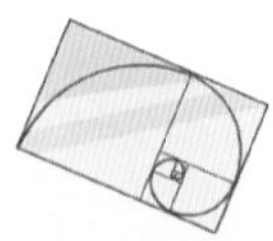

名家推薦

每一個問題都能透過簡單的實驗來觀察並理解，透過數學連結現實與真實，從而發掘數學的妙用。以威老師把數學思維的概化歷程解構為知（看似簡單的生活問題）、行（從實驗中觀察問題解決的切入點）、識（問題解決後抽象化思維發展的歷程形成智慧並總結）發展，讓讀者能一步一步內化數學素養，影響對問題的思維意識，然後不知不覺在問題思考與解方間學習數學。

——**陳光鴻** 臺中一中教師

現今許多年輕學子不喜歡數學，覺得數學只是一門用來考試，刁難大家的學科，甚至有數學無用論之說。《12 堂生活數感課》以淺顯易懂的方式，解說數學的原理，「取材自日常之所見，活用數學於生活中」，讓人深刻感受到數學是解決問題的強大工具。不論讀者是否喜歡數學，本書都值得您好好品嘗。

——**連崇馨** 國立鳳山高中教師

透過生動有趣的生活體驗開啟數學學習視野，培育數學素養。賴老師的數感實驗操作與觀察推理的探究歷程，透過親子或師生共讀，潛移默化中引導孩子啟發數學興趣與概念，在享受數學樂趣的同時，引人進入數學學思的殿堂，值得細細品味與生活實踐。

——**曾政清** 臺北市建國高中教師

數學似乎只有會和不會兩種可能，沒想到還可以在廚房、街上、花園，在放學時、睡覺前、刷偶像劇時，還有坐在課桌椅上發呆時，玩《12 堂生活數感課》裡提供的各種實驗，而進一步搞懂數學。趕快打開這本書，一起打敗「數學不會就是不會」這個魔咒。

——**彭甫堅** 數學咖啡館社群發起人、臺中市中港高中教師

哇！原來我們與數學的距離，並不是只有靠腦袋思考，還可以動手實作感受「數感」，體會生活中的數學素養，就在《12 堂生活數感課》！

——**蘇麗敏** 臺北市北一女中教師

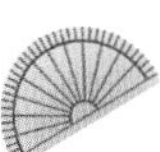

生活周遭常見的事物，例如：生物會演化成什麼樣子？正方形蛋糕怎麼平分？ BMI 代表什麼意思？這些我們常認為理所當然或未曾注意過的事情，背後原來都有數學或科學的原理支撐。書中 12 堂課題，以生活常見的現象為開端，藉著數感實驗將知識具體化，再扣回數學知識的核心，證實了數學非無用，而是「無所不用」，每一堂課都饒富趣味，絕對會想一探究竟！

——**賴政泓** 國立政大附中教師

（依姓氏筆畫排序）

6×6=6+6+6+6+6+6

自序

繞點路，卻更快、更開心抵達終點

數學是純粹的腦力活。有別於物理、化學需要實驗室，數學家只需要一杯好咖啡，一張舒適的椅子。桌上放著紙筆，就能盡情探索數學世界，享受純粹理性、邏輯之美。

但是，這不代表「學數學」也只用紙筆就好。

如同近年來許多小說改編成電影、遊戲、主題樂園，愈是豐富的感官刺激、身歷其境，愈容易讓人印象深刻、回味無窮，學習也一樣。想了解某個幾何形狀的特質，文字描述的定理能提供完整的線索條件，但不一定適合每個人吸收。有時候動手做做看，反而更有感覺，更容易理解。

舉個例子來說，鳳梨表面殼紋呈現螺旋線排列，螺旋線的數目符合費波納契數列，不管你順時鐘數還是逆時鐘數，都是

8 條、13 條、或者 21 條。這不是巧合，是大自然隱藏在表象後的規律，而這個規律被數學精準的描繪出來。我在科普書中讀過這個知識，但某次在臺北市科教館舉辦活動的前晚，我站在水果攤前，數了十幾顆鳳梨，親眼見證每一顆都符合費波納契數列。明明知道書裡就是這樣說，可是當下，我卻數完一顆又忍不住數下一顆，心頭大感震撼！隔天在科教館的活動，我也看到很多和我前一晚一樣驚喜的臉孔。

「讀文字跟動手做」之間的感受差異，迄今依然讓我印象深刻。將來有機會，建議您真的去找一顆鳳梨數數看，相信會有一樣的體會。

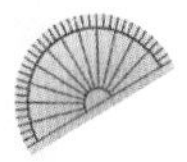

保持樂趣才有高效率

動手做還有另一個重點，在於「樂趣」。回想自己的求學過程，雖然表現得還不錯，但上學念書之於我，是一件不得不的工作。其他課外讀物、小說、電影等、我就看得津津有味了，甚至常常在考完試後犒賞自己時，選擇讀一本小說。當然，這跟小說和課本的本質差異有很大的關連——前者是娛樂，後者是為了知識學習，但我認為許多課外讀物很重視讀者的感受，呼應讀者的期待，並讓讀者覺得好玩，這是很重要的一件事。

$6\times6=6+6+6+6+6+6$

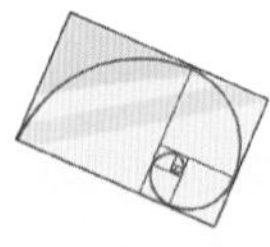

知識的學習與傳遞，其實也能做到同樣的事！只要不那麼講究即時的效率。

我有時候會覺得，課本比較像維他命，按時服用能快速有效的確保營養充足，但我們就是會偶爾忘記，會覺得沒那麼好吃，有一點苦的話，更是避之唯恐不及。但如果是去菜市場一趟，挑選想吃的食材，回家查食譜料理，往往能成就好吃的佳餚。雖然花的時間多出許多，最後的營養價值也跟幾顆維他命差不多，但過程有趣好玩，會讓我們回味無窮、想再試一次，變化出更多花樣。

仔細想想，像這樣「保持興趣」達成的效果，其實比吞食維他命更好，才是真正高效率的學習方法。曾經有研究顯示，孩子小時候對數學的興趣（內在動力），對他們後來的學習表現有明顯的影響，就是這個道理。

來一場數學實驗

許多孩子在數學學習的過程中喪失了興趣，對他們來說學數學很無聊，就算坐在書桌前，眼前擺放的是知識精煉過的講義、題本，卻無法專注學習，最終花了比預期更多的時間，解更多的題目，就算能應付考試，是否真的學到「活用數學」的能力，卻是有待商榷。

我期待透過實驗為孩子帶來改變，希望學習上的樂趣能激發他們的好奇與動機。

來一場數學實驗，讓孩子用各種感官體驗意想不到、卻實實在在出現於生活周遭的數學知識。這樣的學習過程雖然會多花一點時間，但更能讓孩子了解數學的本質，加值他們的數學興趣，並且更期待、更積極的參與學校數學課的內容。

本書源自我在《科學少年》寫作的專欄，從一篇篇的專欄到能夠集結成冊，歷經了兩年多的時間。我期許這本書的每則實驗，都能成為一個數學知識的導遊，帶著孩子繞點路，看到更多美麗、有趣的風景，最後，卻能更快抵達終點。

數感實驗室創辦人 賴以威

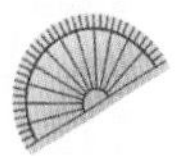

6×6=6+6+6+6+6+6

目錄

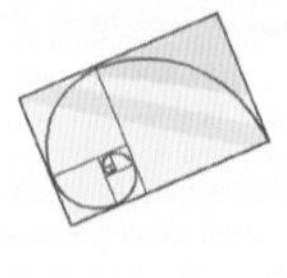

Go!

1 鳳梨會加法？

自然界裡奇妙而優美的規律，
似乎一言難盡說不清？
但原來可用數列帥氣的寫出來！

鈴～
鈴～
什麼！羅羅宮失竊的名畫找到了！但有兩幅？需要鑑定真假？
Go!
我們要去破案嘍！
嗯……嗯……
嗯……嗯……樹好像不太一樣……
這是什麼？可以吃嗎？
這有這麼難嗎？喵～

當數學老師被問起數學有什麼用時，最常回答的一種說法大概是：

數學能幫助我們發掘事物背後的模式。

「模式」的英文是 pattern，它還有「花紋」的意思。想一想，媽媽是否有這麼一條裙子：上面充滿同一種簡單的圖案，例如方塊、花朵或愛心，讓裙子遠看很花、很複雜，近看卻都是同樣的圖案。

我很喜歡 pattern 這兩種不同的意思。裙子上的花紋具體告訴了我們什麼是模式，它是一種規律、重複出現的樣式。大自然很多事物都有模式，例如蜂巢都由正六邊形的蜂房組成；鳳梨表皮則遍布著形狀像鱗片的圖案。每一個鱗片都是一個果目，這些果目形成一排排的螺旋，而螺旋的數量一定是 8、13、21 這幾個數字。換句話說，鳳梨的果目排列其實是一個數學問題。

▶一顆鳳梨由許多小果聚集而成。這些小果為一朵朵的小花陸續開放後，膨大發育形成，聚合起來就成了我們所熟悉的「一顆」鳳梨。

大自然中其實常可見到這類生長模式，厲害的是，數學家費波那契（Leonardo Fibonacci）找到描述這個模式的數學公式，也就是「費波那契數列」。「數列」是指一連串的數字，數字之間往往有些關係，形成規律。

費波那契數列的規律很簡單：

前兩個數字是1；

之後每一個數字都是前兩個數字的和。

有了這兩條規則，你就能寫出數列了：1、1、2、3、5、8、13、21、34、55、89、144、233……

當年，費波那契以兔子的繁殖為例，巧妙的讓大家領略這個數列跟生長之間的關係。

費波那契的兔子

假設有一對新生小兔子，出生一段時間後長成大兔子，開始繁殖，之後每隔一段時間可生下一對小兔子，而小兔子也依相同的規律長大繁殖。那麼兔子的數量會如何變化呢？

每一次，大兔子都會生出和大兔子同樣數量的小兔子，而新生的小兔子則持續成長，並在下一期開始「增產報國」。看看下圖，你會發現每一期兔子的數量，正是費波那契數列的數字。回到鳳梨，它的果目也有同樣的生長模式。有點難想像嗎？沒關係，翻到下一頁，我們來動手做做實驗吧。

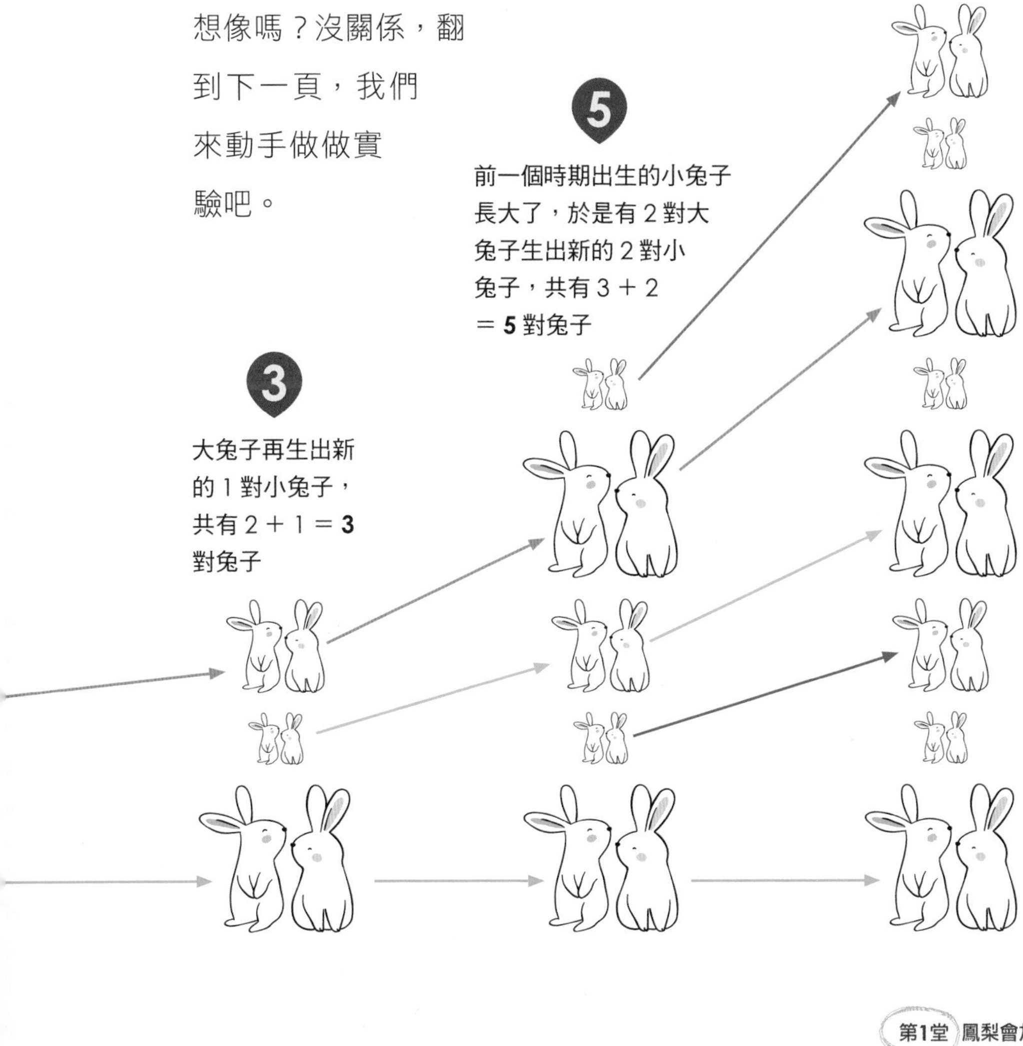

8

前一個時期出生的小兔子也長大了，於是有 3 對大兔子生出新的 3 對小兔子，共有 5 ＋ 3 ＝ **8** 對兔子，依此類推……

5

前一個時期出生的小兔子長大了，於是有 2 對大兔子生出新的 2 對小兔子，共有 3 ＋ 2 ＝ **5** 對兔子

3

大兔子再生出新的 1 對小兔子，共有 2 ＋ 1 ＝ **3** 對兔子

數學實驗

1. 準備一顆鳳梨、兩捲不同顏色的彩色膠帶。

2. 找一條由左上到右下的鳳梨果目螺旋，將膠帶貼在螺旋上，從鳳梨尾貼到鳳梨頭（底部）。

3. 沿著貼好膠帶的螺旋，往上或往下找出其他螺旋，並貼上膠帶，直到每個果目都貼上。數數看有幾條由左上到右下的螺旋。

4. 換另一款顏色的膠帶，改成尋找由右上到左下的螺旋，如同步驟 3，將膠帶貼在螺旋上。數數看有幾條由右上到左下的螺旋。

不只有兔子和鳳梨

做完實驗，你應該已經確認鳳梨果目螺旋的數量是8、13，如果是果目排列得更整齊一點的鳳梨，你還可以試著數一數走向更陡直的螺旋，得出總共21條。

這三個數字是費波那契數列（1、1、2、3、5、8、13、21、34……）裡第六、第七、第八個數字。不明就裡的人，可能會納悶怎麼鳳梨也略懂加法，但其實鳳梨根本不會數學，這也不是巧合，而是生物成長時自然而然會遵循的規律：生物需要一段時間成長，長大後就會誕生出下一代。注意喔！這邊的「下一代」不只是指親子關係，還可能是花瓣或樹木枝椏成長的先後次序。

數學只是把這樣的規律描述出來罷了，不只有鳳梨或兔子，大自然裡到處都是費波那契數列。

跟大家分享一段往事，小時候上美術課畫樹木，我總是先畫一根主幹，然後左右分岔成兩根支幹，支幹往上一段後，再分岔成兩根小枝，所以枝幹由粗而細，數量是1、2、4、8、16……。但每次畫完，我都不太滿意，總覺得我的樹看起來假假的。那時我的結論是自己沒有美術天分，後來才知道還有其他原因，那是因為當時的我沒有觀察到，樹木生長的模式其實是遵循費波那契數列。

從這個例子，你是否更清楚理解了「數學能幫助我們發掘事物背後的模式」這句話的意思呢？很多人不喜歡數學，因為覺得數學太抽象了，看不到跟生活的關聯。但反過來思考，你會發現：

正因為數學夠抽象，
才能跨越不同的事物，
描述存在於各種事物背後共同的模式。

數學只是跟生活沒有「直接」關聯，但只要仔細瞧，你會發現生活中到處都是數學呢！

延伸學習

費波那契是誰？

費波那契誕生於850年前左右的義大利，父親是商人，經常需要計算，因此啟發了費波那契對數學的興趣。當時歐洲使用的數字和現在並不一樣，費波那契常隨著父親在地中海一帶做生意，有機會接觸到來自東方的算術，覺得十分便利，後來在著作《計算之書》中介紹了阿拉伯數字系統，對歐洲造成重大影響，書中也介紹了費波那契數列。

不過，最早發現這個數列的人並不是費波那契，早在西元六世紀印度數學家就已經描述過了。但透過費波那契的介紹，歐洲人才知道這個數列的存在。

《計算之書》內頁

再多想想

1. 費波那契數列還有非常多有趣的性質，比方說，按按計算機，把數列裡的每一個數字都除以它的前一個數字， 如1÷1、2÷1、3÷2、5 ÷ 3、8 ÷ 5、13 ÷ 8……你會發現愈後面的數字，除出來的結果愈接近 1.618……正是人們說的、跟「美」很有關係的「黃金比例」！自己動手算算看。
2. 你還能在什麼地方觀察到費波那契數列呢？

2 黃金比例真美麗？

世界上那些美麗的人、事、物，
就像數學公式一樣有公認的標準嗎？
還是每個人各自的觀點都不一樣呢？

各位觀眾，只要買下這把黃金捲尺，就能測量出哪裡有黃金……
金
哦？竟有這種事？
我們也去找黃金吧！
……
汪！
8m
10m
150cm
120cm
8cm
13cm
探長，他們在測量什麼呀？
唔……
咦！
5cm
8cm
啊？
探長，那裡有黃金吧！
請先搞清楚「黃金」的意思好嗎？

在上一堂課中，我們發現鳳梨表面的螺旋紋路和樹枝的生長，雖然乍看無關，但透過數學的濾鏡觀察，其實有驚人的相似之處：螺旋數量和同一生長階段的樹枝數量，都是費波那契數列中的數字：1、1、2、3、5、8、13、21、34、55、89、144……其中每一個數字都是前兩個數字的加總。而且費波那契數列還和人們說的、跟「美」很有關係的「黃金比例」有關！在這堂課中，我們就來看看數學界裡的大明星——黃金比例！

黃金比例號稱最美麗的比例，埃及的金字塔、希臘的帕德嫩神殿、達文西畫的〈蒙娜麗莎〉、達利筆下的〈最後晚餐的聖禮〉……等作品裡都看得到。它就像大廚師之間流傳的獨門醬料，悄悄用上了，作品就有種說不出的美感。但黃金比例到底是什麼？還有，很多人說黃金比例跟費波那契數列有關，又是什麼關係呢？我們一次來回答這兩個問題。

美麗的數字密碼

「比例」是兩個數字相除的結果。費波那契數列裡有好多好多的數字，我們先從前面看起：

第二項除以第一項是 1÷1 ＝ 1

第三項除以第二項是 2÷1 ＝ 2

第四項除以第三項是 3÷2 ＝ 1.5

再來是 5÷3 ＝ 1.667

8÷5 ＝ 1.6

13÷8 ＝ 1.625

21÷13 ＝ 1.615

34÷21 ＝ 1.619

55÷34 ＝ 1.618

89÷55 ＝ 1.618

144÷89 ＝ 1.618……*

有趣的事情發生了，就像騎腳踏車一開始騎得歪歪斜斜，但一直騎下去，車子會慢慢穩定騎在直線上；費波那契數列的連續兩個數字相除的結果，愈到後面，會愈接近 1.618。這個數字就是黃金比例。

再回到大師的作品，以達文西的〈蒙娜麗莎〉為例，有人把這幅人像不同部位的長寬相比，發現臉的長度除以寬度、額頭的寬度除以高度、嘴巴到眼睛的距離除以半邊臉的寬度，都會得出相同的數字，也就是黃金比例：1.618；美麗的建築物，高度跟寬度相除也往往是 1.618 ！

原來大廚師的祕密醬料就是 1.618，連身材姣好的模特兒，身高跟腰高相除也是 1.618，彷彿只要有黃金比例這個數字，就是美麗的保證！但真的如此嗎？科學的精神是不輕易相信，要保持懷疑，理性思考。我們來做一個實驗測試看看。

*註：為了清楚起見，所有數字四捨五入到小數點後第三位。

數學實驗

1. 準備兩張圖畫紙、彩色筆、剪刀和尺。

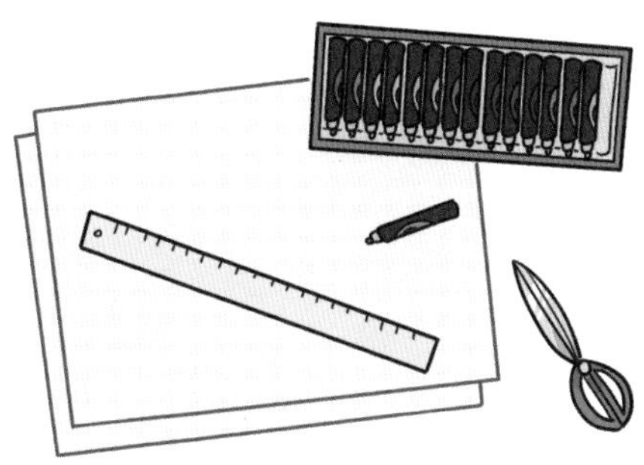

2. 在紙上畫一個花瓶、幾朵花跟幾片葉子，其中一朵花要比較大、比較漂亮，它是「主花」。

3. 把紙上的花朵、葉子和花瓶剪下，像插花一樣擺成你喜歡的樣子。

4. 測量主花和花瓶的高度，然後相除，答案是多少呢？

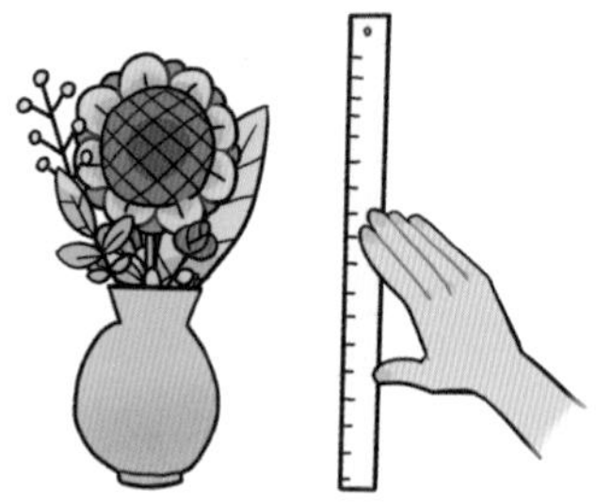

5. 再拿一張紙畫出花朵、葉子和花瓶並剪下，這次遵守一個規則：讓主花高度除以花瓶高度的比值是 1.618。

6. 你覺得這兩種搭配誰比較美呢？你也可以到花店買花材，實際插花試試看。

人人都愛黃金比例？

你第一次設計的插花草圖，主花跟花瓶的高度相除會得出黃金比例嗎？其實很少人一開始設計出來的比例是黃金比例，甚至可能相差很多，就算再接近，也很難剛剛好一模一樣。

再看看下面這張圖，圖裡有九個長方形，找爸媽、家人或朋友一起看，你們覺得哪個形狀最漂亮，看起來最順眼呢？

這裡面藏了一個長除以寬剛好是黃金比例的「黃金矩形」，就位在最上排的中間，你選到了嗎？好多心理學家做過類似的實驗，發現每個人覺得好看的長方形並不太一樣，甚至有人覺得最好看的是正方形。說到底，「美醜」很主觀，黃金比例又是個非常精確的數字，多數人用肉眼根本看不出1.618、1.6、1.65之間細微的差異。

既然這樣，為什麼又說黃金比例是最美麗的比例呢？有可能因為它太特別了。由它和費波那契數列的關係，你可以猜想到它也常出現在大自然中，因為費波那契數列正是描述大自然的數列。

此外，黃金比例還有許多美麗的數學特性，例如 1 除以黃金比例，可以得到黃金比例的小數部分：1÷1.618 = 0.618。黃金比例乘以黃金比例，答案會是黃金比例加 1：

$$1.618\times1.618 = 2.618 = 1.618 + 1$$

這些奇妙特性，讓黃金比例從很久以前就受到數學家的討論。

或許我們的確比較喜歡某一個範圍內的比例，比方說，腿長的人看起來身材比較好，但這個比例不一定是黃金比例，就像每個人最喜歡的插花作品，主花跟花瓶高度的比例也不一定是 1.618。也有些研究發現，剛剛說的那些世界名畫、建築物，不一定是因為存有黃金比例而美麗，只是黃金比例的名氣太響亮，所以人們自動把它跟美連結，刻意在藝術中尋找罷了。

以後有人跟你宣傳黃金比例看起來有多美時，不妨提醒對方，那不一定是真的。

與其重視外在美，不如回歸本質，

多多欣賞黃金比例的內在（數學）美吧！

延伸學習

黃金矩形與黃金螺旋

利用黃金比例畫成的矩形稱為**黃金矩形**，長寬比為1.618:1。有趣的是，如果以黃金矩形的短邊為邊長取一個正方形，切割之後剩下的矩形仍是黃金矩形。再以同樣方式，在這個小一些的矩形內切割正方形，剩下的還是黃金矩形！依此類推，可以切割出愈來愈小的黃金矩形。

如果在每一個黃金矩形的正方形上，以邊長為半徑畫一個四分之一的圓弧，讓圓弧相連，會形成螺旋，這就是**黃金螺旋**。

▲有人把黃金螺旋覆蓋在名畫〈蒙娜麗莎〉上，發現這條螺旋線經過了肖像的鼻孔、下巴、頭頂、手部等重要部位。這，是一種巧合嗎？

再多想想

根據上一堂課，你已經知道費波那契數列出現在大自然的什麼地方了，那你能很明確的說出，黃金比例又出現在大自然的哪裡嗎？試著驗證看看。

3 揭開 影印紙的祕密

影印、列印常用到 A4 紙張，
為什麼稱做 A4 呢？還有 A5、A6……
它們之間有關聯嗎？
來探究紙張長寬比例的有趣數學吧！

各位，這是一張 A4 紙張。
對摺，變 A5
再對摺，變 A6
又再對摺，變 A7……
我摺、我摺、我摺摺摺……
摺……摺成 A100……形狀會不會改變呢？
探長，快回來！聽說一張紙對摺 103 次，厚度會比宇宙還要寬呀！
嗷嗚～
哼哼！如果他沒被黑洞吃掉的話，就能知道答案嘍。

上一堂課中，我們破解了黃金比例的迷思，同時發現「比」在生活中無所不在。別的不說，單是你每天都會接觸到的紙張，包括課本、作業本、故事書、漫畫、小說……都會依據功能和內容的不同，使用不同的長度和寬度，它們有各自適合的規格比例。本堂課的主角，就是我們最熟悉的，列印或影印資料時常用到的 A4 紙。

A4 紙是最常用的紙張規格，回想一下家裡的雜誌，大多擁有一樣的尺寸，A4 紙就比一般雜誌的尺寸稍微高一點。但為什麼是這個尺寸呢？

另外，你知道嗎？A5 紙是 A4 紙沿著長邊對摺後的尺寸，A6 紙是 A5 紙沿著長邊再對摺的尺寸。反過來，把兩張 A4 紙沿著長邊並排，可以得到一張 A3 紙張的尺寸。根據這些尺寸，我們歸納出 A 系列紙張的命名：從最大張 A0 開始，每沿著長邊對摺一次，A 後面的數字就加 1，所以 A4 是 A0 紙對摺 4 次後的尺寸。

把 A 系列紙張一字排開，你覺得它們有什麼共通點呢？都是紙！嗯，沒錯。都是長方形！是的，這也是很棒的數學觀察。還有別的嗎？

你是否覺得這些長方形長得很像？長得很像的長方形，用數學的語言來說是什麼呢？我們先來動手做實驗吧。

數學實驗

1. 找一張 A4 紙，用尺測量它的長度與寬度。求出 A4 紙長度除以寬度的比值，精準度到小數點以下第三位。

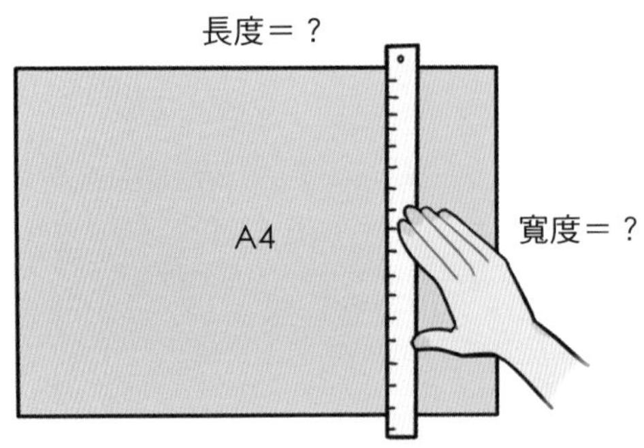

2. 將 A4 紙沿著長邊對摺，變成一張 A5 紙，同樣測量它的長和寬，求出長除以寬的比值。再將 A5 紙沿著長邊對摺，變成一張 A6 紙，一樣測量長寬，求出比值。

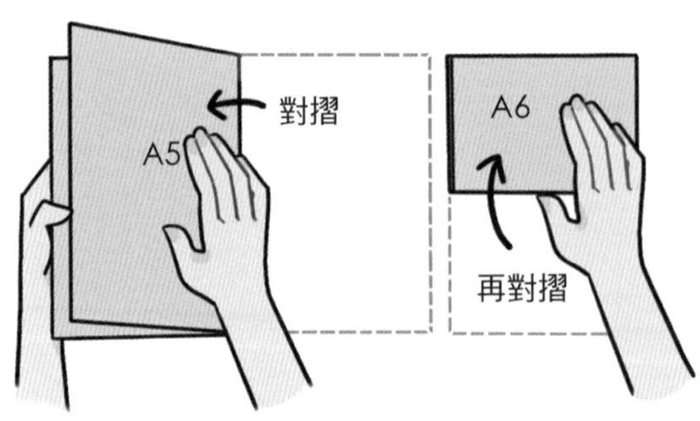

全都是 1.414

我們先來確認實驗步驟 1 和 2 的答案。A4 紙的長度為 29.7 公分，寬度為 21 公分；A5 紙是 21 公分和 14.85 公分；A6 紙是 14.85 公分和 10.5 公分。這三種不同規格的紙張，長度除以寬度的結果分別是：

29.7÷21 ＝ 1.414

21÷14.85 ＝ 1.414

14.85÷10.5 ＝ 1.414

原來，A 系列紙張長與寬的比值都相同，再加上形狀一樣，用數學的語言來說，就是「相似形」。

實驗中我們為了算出比值，總共測量了六次。但請你想想看，有哪些測量步驟可以省略呢？答案是：只要測量 A4 的長和寬就好了。因為對摺後，A4 紙的寬變成 A5 紙的長，A4 紙長的一半則變成 A5 紙的寬，所以只要把 A4 的長除以 2 就能得出 A5 的寬。A6 紙的長寬也可以用同樣方式得出。

學數學幫我們省下更多時間。

再進一步想想看，A 系列長與寬的比值是 1.414，這個數字有什麼特殊的意義嗎？我們再來做一個實驗！

數學實驗

1. 拿一張 A4 紙，將短邊摺向長邊，對齊後壓平，摺出一條斜線。

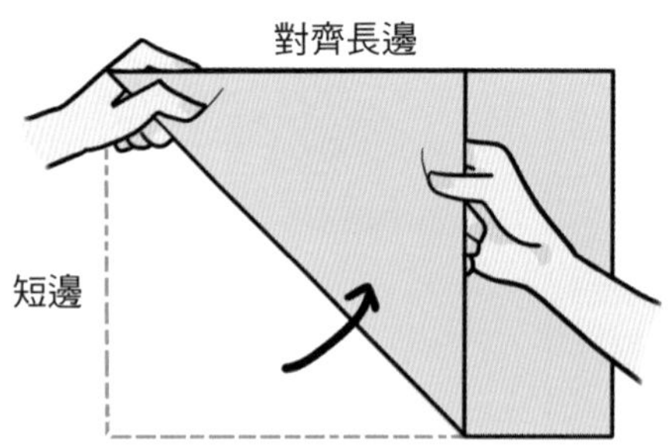

2. 再拿另一張 A4 紙，把這張紙的長邊，與前一個步驟摺出的斜線對齊，比較看看，兩者的長度相同嗎？

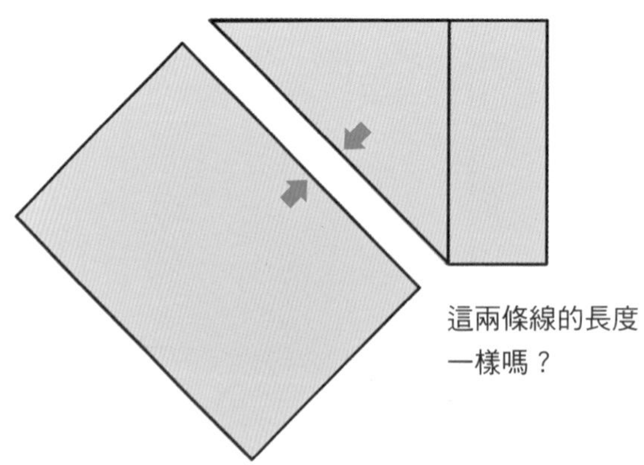

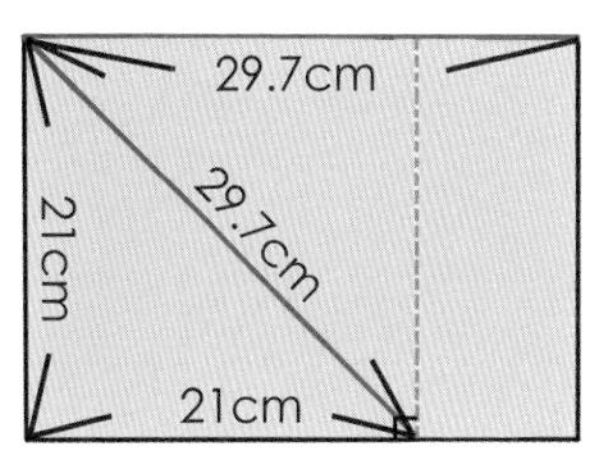

這個實驗告訴我們：A4 紙短邊與長邊對齊後摺出的斜線，跟 A4 紙的長邊一樣長。再仔細想想，這條斜線其實是「以短邊為邊長的正方形」的對角線。換句話說，這個正方形的對角線長度與邊長的比也是 29.7 : 21 ＝ 1.414 : 1。

當年，德國科學家利希滕貝格（G. C. Lichtenberg）想找到一張不管怎麼對摺，長寬比都一模一樣的紙張。最後他發現，只要這張紙的長寬比，和正方形的對角線與邊長的比相等就可以。這個比就是 1.414 : 1。

再多想想

1. 延續實驗，你能反推出 A0 紙的長度跟寬度嗎？
2. 找一張 B4 圖畫紙，進行同樣的數學實驗，會得出什麼樣的結果呢？

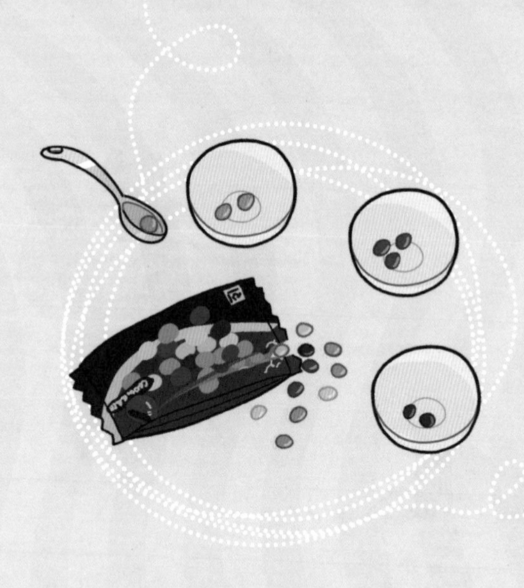

4 巧克力色彩統計學

你喜歡繽紛的彩色巧克力豆嗎？
大包裝和小包裝裡的巧克力豆顏色分布
會一樣或不一樣呢？
試著統計看看吧！

有人把一包來源不明的巧克力混入我的商品了，誰能幫幫忙，把它找出來？
唰～
這還不簡單，給我都拆了！
我來算算看，每一包巧克力裡不同顏色的巧克力各有幾顆？
第一包：紅 29　藍 32　黃 13
第二包：紅 31　藍 29　黃 15
第三包：紅 35　藍 15　黃 25
第四包：紅 35　藍 28　黃 12
……
真相只有一個，答案就是……
巧克力～巧克力～
巧克力都被拆光了，還賣什麼！
停！狗不能吃巧克力！
啪！
嗷～

打開電視新聞，「統計」是最常出現的數學名詞。例如，政府想知道全臺灣有多少小學生、中學生、大學生；電視媒體想知道小學生中，有多少人喜歡〈寶可夢〉，有多少人喜歡〈妖怪手錶〉；校長想知道全校同學中，有多少人擅長數學，有多少人國語這一科最好。這些問題的答案，都需要經過統計。

有了統計數字，我們才能做下一步的判斷。政府知道各個層級的學生人數後，才能決定要蓋幾間國小、國高中、大學；電視媒體若發現比較多人喜歡寶可夢，為了收視率，可能會多播幾集寶可夢動畫；校長知道大家最擅長的科目後，也許會召集該科的老師，問問他們怎麼做到的，並且要其他科目的老師也學習一下。

統計讓我們看清楚現在的情勢，
進一步幫助我們做出正確的判斷。

其實，一開始我們說「統計是最常出現的數學名詞」這句話，也可以用統計來確認看看是不是真的。你可以讀遍全世界的每一則新聞，看看裡面有沒有提到數學名詞，如果有的話，再依據不同的名詞分類，像是加減乘除等計算、幾何形狀、統計等等，分類完後，再「統計」哪個類別裡有最多篇新聞。

但這件事應該做不到吧！全世界有那麼多國家，每天又報導那麼多新聞，怎麼可能讀得完呢？別忘記，數學能幫助我們把事情做得又快又好。

不用全部數，只要取樣

當民調公司公布某個政治人物的支持度，他們不會真的訪問全臺灣 2300 萬人，通常只會訪問一部分的人，把他們的訪談結果視為全體臺灣人的想法。

咦？不需要挨家挨戶問 2300 萬人嗎？某些情況下的確不需要，但得滿足兩個條件。首先，接受訪問的人數不能太少，必須有足夠的代表性。以罐子的糖果來比喻，一個罐子裡有紅色跟藍色兩種糖果，你伸手進去抓，如果只抓四顆，可能這次抓到的是兩顆紅色、兩顆藍色，下一次抓到三紅一藍，再下一次卻是四顆全藍。但如果一次抓一大把，約二三十顆，那麼每次抓到的紅色與藍色糖果，比例就不會差太多了。

其次，接受訪問的人不能有強烈、特別的傾向。如果今天詢問的政策是「便利商店的電費全免」，而民調公司訪問的對象全部都是便利商店的老闆，一定會得到很高的支持度，但便利商店老闆以外的人就不一定支持了，至少附近開傳統雜貨店的老闆不會說好。

接下來，我們做一個甜滋滋的實驗吧！

數學實驗

1. 準備 M&M's 牛奶巧克力，共三小包（47.9 克）和一大包（303.3 克）。先猜猜看，一包彩色巧克力豆中哪種顏色最多？還是都一樣多呢？

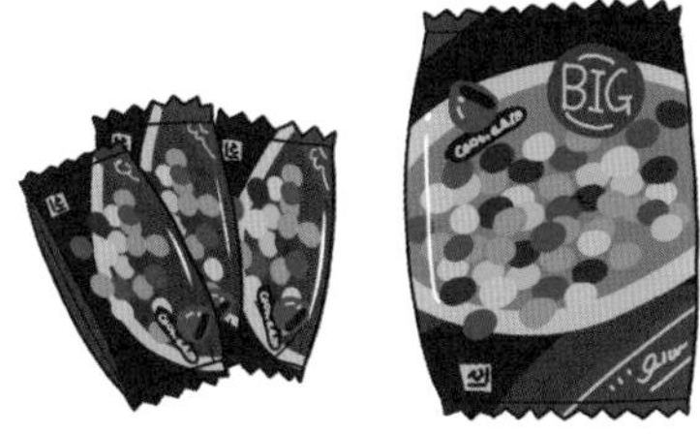

2. 準備六個盤子或碗，再準備一根湯匙。

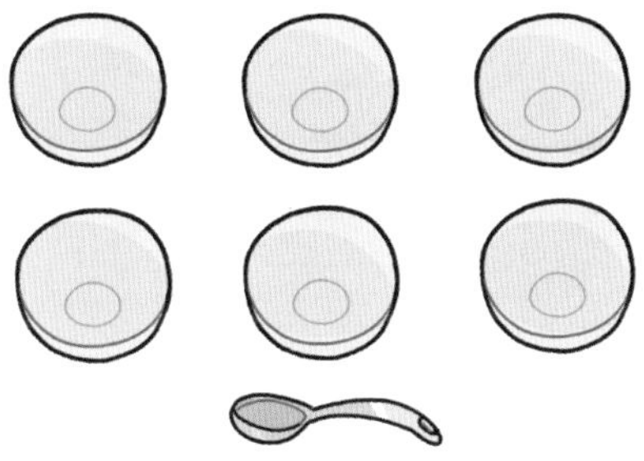

3. 打開一包小包巧克力。用湯匙把六種不同顏色的巧克力豆各自放到不同的容器裡。

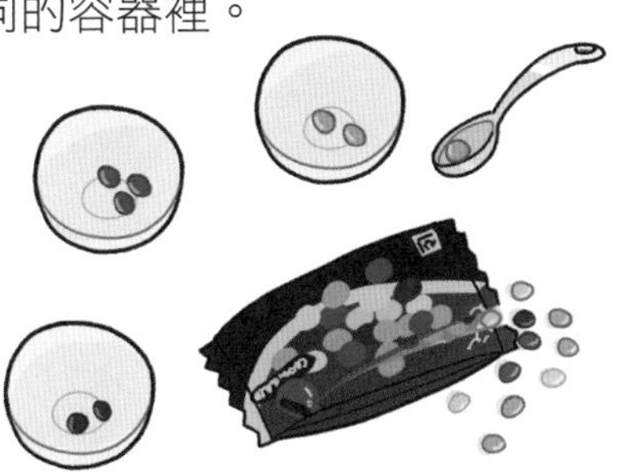

4. 數一數每種顏色有幾顆，記錄下來，將算完的巧克力倒入密封罐保存。剩下的兩小包也同樣各自記錄。

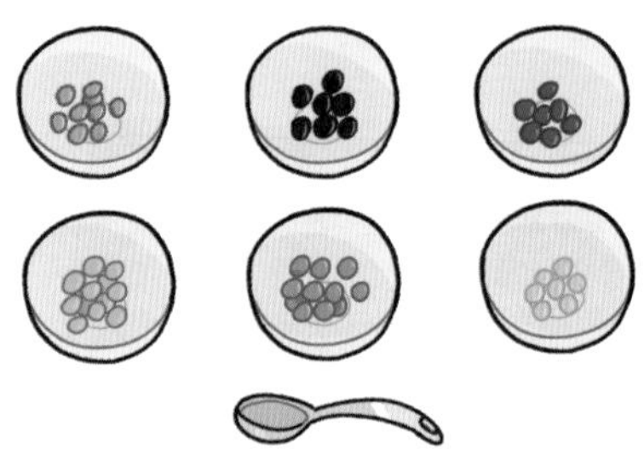

5. 再打開大包巧克力，以步驟 3 的方式記錄不同顏色的巧克力豆數目。

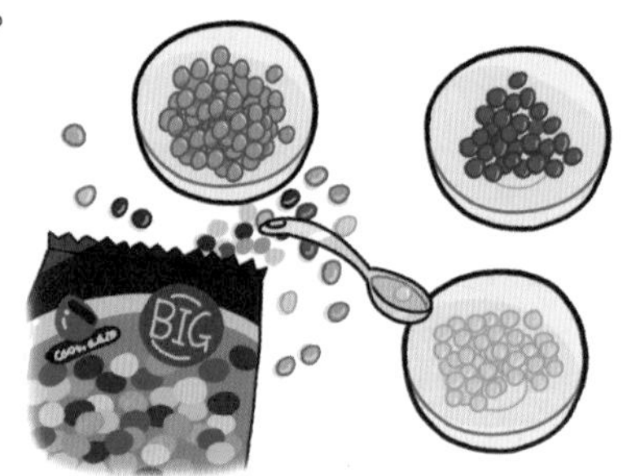

6. 最後將三小包巧克力的結果加總，計算每種顏色占全體的比例，使用量角器畫成圓餅圖。同樣把大包巧克力的結果做成圓餅圖。

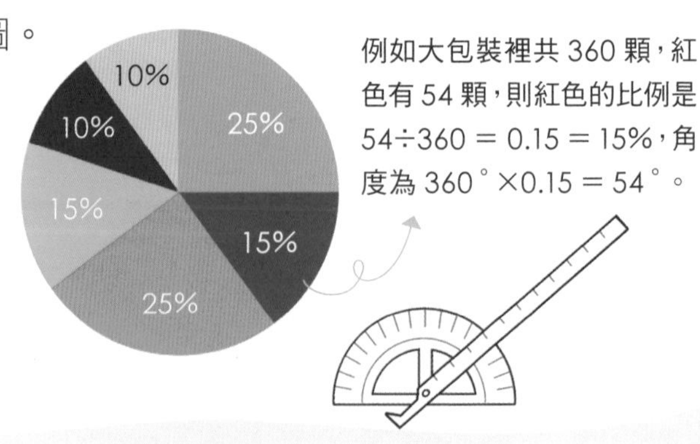

M&M's 顏色變化多

你的統計結果如何？跟你猜的一樣嗎？

先比比看三小包各自的結果，每個顏色占據的比例是否相差很大？根據三小包加總起來的數據所畫出的圓餅圖，跟大包的數據畫出來的圓餅圖是否很像？理論上，即使每一小包巧克力的顏色比例不太一樣，但愈多個小包合起來的顏色比例，會愈接近大包的結果，你可以把朋友的數據一併加總計算來檢驗。這就是前面說的：

樣本數量必須足夠，統計結果才有意義。

至於 M&M's 巧克力的顏色比例實際上是多少呢？首先可以確定兩點：1. 根據不同年代消費者的偏好，顏色比例有所變化，西元 2000 年以前，棕色最多。2. 目前臺灣的 M&M's 巧克力，大多是從美國紐澤西州哈克特斯鎮的工廠出產。這間工廠的巧克力豆，橘色跟藍色最多，這是統計學家威克林（R. Wicklin）在 2017 年寫信詢問 M&M's 總部得到的回覆。

根據總部提供的生產比例，藍橘兩色的數量是其他四種顏色的兩倍。例如，若有 80 顆 M&M's 均分成八份，紅、綠、黃、棕四種顏色會各是一份 10 顆，橘跟藍則各是兩份 20 顆。

換算成比例，橘色跟藍色的占比各是 20÷80 ＝ 0.25，其他四種顏色分別為 10÷80 ＝ 0.125。

你的統計結果不一定剛好相同，因為可能受到其他因素的影響，例如工廠人員可能沒把各色巧克力充分混勻就包裝了，導致某些顏色特別多，因此無法呈現原本的生產比例。

統計調查的陷阱

以後看到新聞中的各種民意調查，不妨檢查看看，它的統計樣本夠多嗎？是類似大包或小包的 M&M's 呢？還是包裝裡根本只有一種顏色的巧克力豆？如果樣本太少或太偏頗，結果會一點都不準。

舉例來說，全臺灣有近三成的成年人只用手機而沒有市內電話，他們大多是年輕人，所以如果只撥打市話做民調，相當於拿到一包「少了一些顏色」的巧克力豆。反過來說，如果只用手機做民調，也會發生類似的問題，因為全臺灣大約有13%的人沒有手機。這些沒有手機的人可能大多是年紀偏大的族群，他們的意見會因此無法反應出來。道理雖簡單，卻有不少人會掉入這個陷阱。

統計很好用，可以把龐大的資料化為有意義的結果，讓人了解重要的資訊，但要用正確的統計方式，才能讓我們看見真實的樣貌。

延伸學習

抽取樣本

這堂課學到的，正是統計學裡重要的概念：**抽樣**。

我們可以想像工廠的大缸裡含有千千萬萬顆 M&M's 巧克力，裡面均勻混合著各色巧克力豆，每一次包裝時，機器會從缸中取出一小部分巧克力豆。這個包含所有巧克力的大缸，在統計學上叫做**母體**，從中取出的小部分巧克力叫做**樣本**，而從母體取出樣本的過程，就叫抽樣。抽樣的目的是希望藉由少量的樣本，有效而精確的推估出龐大母體的特性。基本上，樣本數愈大，與母體愈接近，愈能有效推斷，但所花的時間與成本也愈高。不同的研究對象與研究目的，抽樣的技巧各不相同，是一項專門的學問。

再多想想

1. 你可以再試試看統計小熊軟糖、彩虹糖。想想看，除了顏色之外，其他如口味、形狀等的特質，也能統計嗎？
2. 大包 M&M's 是 303.3 克，小包是 47.9 克，大包約是小包的 6.3 倍。檢查一下，巧克力豆的個數也是 6.3 倍嗎？

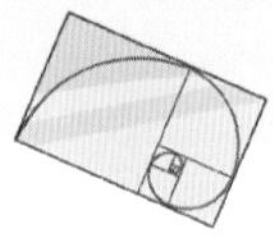

數感小棧

陪伴我二十多年的題目

因為有它，我多次感受到解題的樂趣。
我或許後知後覺，
但很開心能憑著自己慢慢摸索，
讓想法產生重大的改變。

小學中年級時，有一天朋友帶來了一道安親班老師出的題目，題目像一面磚牆，上面有許多線段。例如右頁這張圖，圖案中間的線條由四條橫的線段組成。只要能一筆畫過所有的線段，就算解出題目。

「我們老師說，解開就有 50 元獎金。」

在那個年代，50 元雖然不是天文數字，但聽到也是夠讓人振奮的了，是個會讓人願意好好挑戰的胡蘿蔔。而且更重要的是，這個題目看起來不難，我一試就畫過了大多數的線段，只差兩條沒畫到。我以為再花半天時間，就能解出來。

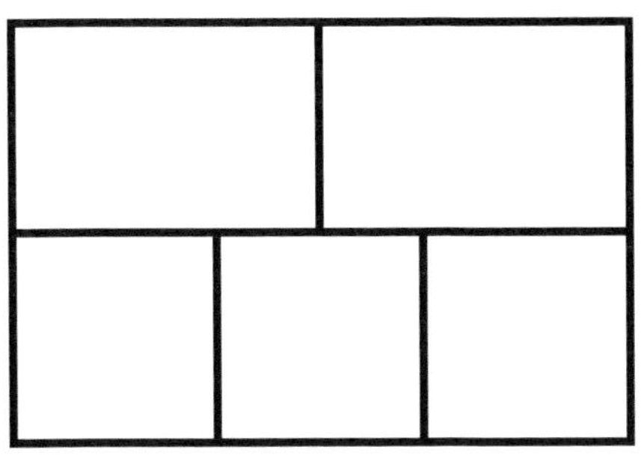

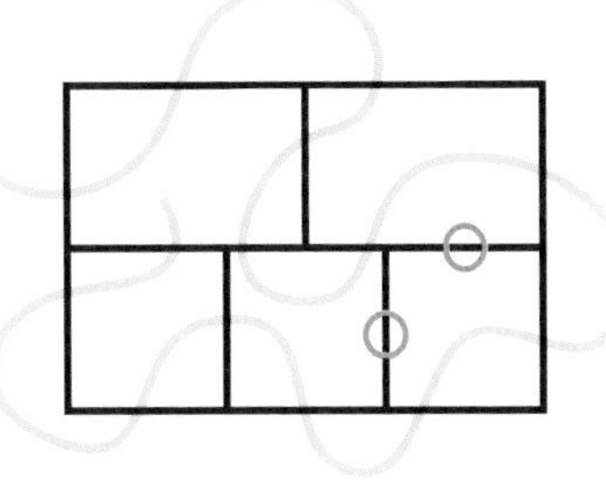

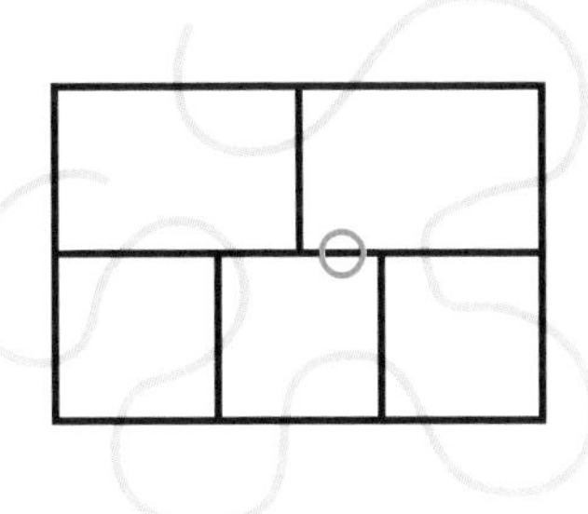

▲你能一筆畫過所有的線段嗎？右圖舉例兩種可能的畫法，但仔細看，其實都還差了一點。

但沒想到，這道題目竟然陪伴我超過 20 年！

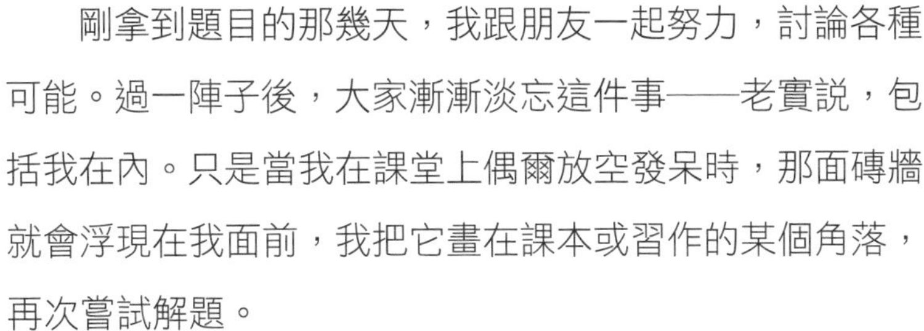

剛拿到題目的那幾天，我跟朋友一起努力，討論各種可能。過一陣子後，大家漸漸淡忘這件事——老實說，包括我在內。只是當我在課堂上偶爾放空發呆時，那面磚牆就會浮現在我面前，我把它畫在課本或習作的某個角落，再次嘗試解題。

課本的空白處是大家打發時間的角落，有些有藝術天分的同學會在上面畫插圖，有些同學會抄歌詞，或是描繪

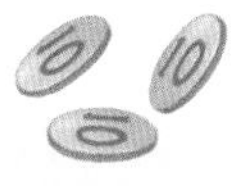

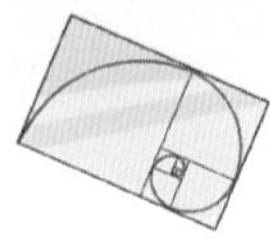

各種自己喜歡的事物。而我，記錄在這個角落裡的，就是那面磚牆，還有我試著一口氣畫過所有線段的一條蛇。

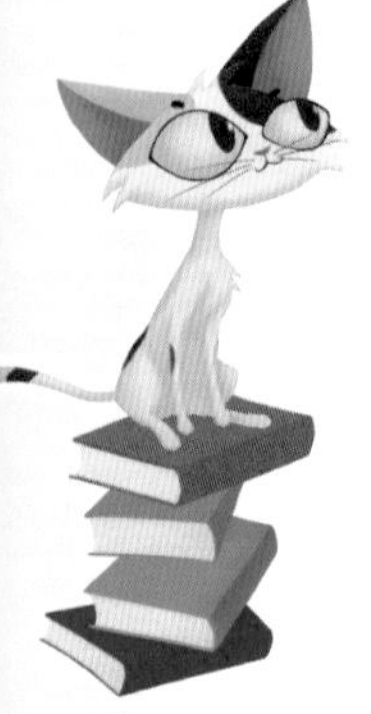

階段不同，心境也不同

只可惜我的課本沒留下來，不然翻開小學、國中、高中的課本，甚至大學時讀的原文書，都可以看到我試圖破解這道題目的痕跡。

不過，從小到大，我的心境也有很不一樣的轉折。小學、國中時，我真心認為自己解得出來。我想過各種技巧，例如先把每條線段畫上一根線，再想辦法把這些線段連起來；從最裡面開始往外繞，或是從外面開始往裡面繞。有好幾次，我自以為解出來了，檢查時緊張得連手都在發抖。

「這次應該沒問題了吧。」

結果還是看到某一條線段晃悠晃悠的，被遺落在某個角落。

漸漸的，到了高中、大學，我已經不太抱希望。每次作答只有種打發時間的感覺，看看這次會漏幾條，看看有沒有辦法想出新的策略。我知道這個題目應該沒有答案，

但也陷入了另一個難題——因為我沒辦法證明它無解。

過去的訓練多半是教我找出答案，可現在找不出答案，我總不能只是說：

「因為我花了十多年在這上面都找不到答案，不然你來試試看啊。」

這種說法太不負責任了，而且我內心深處也的確有些懷疑，會不會有更厲害或運氣更好的人，能夠找到我這麼多年來都找不到的答案呢？

終於有一天，我找到證明無解的辦法了。

學更多，思考就更廣了

那時我已經就讀博士班，為了搞懂某篇論文的內容，而去讀了一本關於「圖論」的書，裡頭介紹了經典的七橋問題。

問題是這樣的，哥尼斯堡鎮上有七座橋，鎮民們喜歡在橋上散步，閒來無事有人問到：

「我們能不能一口氣走完鎮上的七座橋，而且完全不重複經過任何路線呢？」

鎮民們走啊走啊，走啊走啊，卻總是沒辦法一口氣走

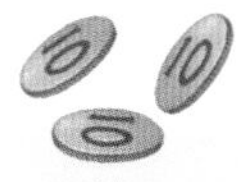

$6\times 6=6+6+6+6+6+6$

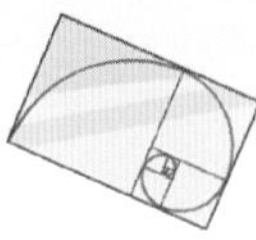

▲ 17 世紀初刻劃的哥尼斯堡市景圖，你能一口氣走完圖上的七座橋而且不重複路線嗎？

完七座橋。他們覺得很困擾，究竟是大家沒找到正確的走法，還是根本不存在這樣的走法呢？

登愣！看到這段描述，我瞬間想起小時候的那面磚牆，哥尼斯堡鎮民遇到的困境，跟我遇到的問題不正是一模一樣嗎？

哥尼斯堡的鎮民們很幸運，請教到一位數學家，而且可能是歷史上最厲害的數學家之一——歐拉（Leonhard Paul Euler）。歐拉運用數學，幫鎮民們證明了不可能一口氣走完哥尼斯堡的七座橋，進而發展出圖論這門對現代科技世界具有深遠影響的數學領域。

我能不能運用圖論來證明磚牆上的問題無解呢？我彷彿回到了小時候，覺得有機會破解這個題目，讓我重溫兒時那種緊張、期待的心情。

老師，我的 50 元獎金？

這裡就不多解釋我怎麼證明了，免得剝奪大家思考的樂趣。但想想，從「嘗試解」到「證明無解」的這個轉變很重要。或許因為我已經嘗試很久，也或許因為我在大學接觸了更多的數學，於是這道原本只是給小孩思考的益智

$6\times6=6+6+6+6+6+6$

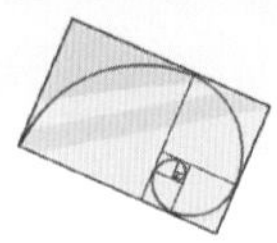

題目，在我眼中變得不太一樣。

當成益智題目時，我不斷嘗試錯誤，憑著直覺或簡單的邏輯推理，試著解出這道題目。但想證明無解，需要更嚴謹的思路。就好比歐拉，將七座橋那樣一個具體的情境，轉換成抽象的數學表示法，再運用圖論這套數學工具，證明無法一口氣走完七座橋，我想證明磚牆上的線條無法一筆畫完，也得採用類似的做法——雖然比起歐拉，我所做的事情顯得非常微不足道。

這不是直覺或嘗試錯誤可以深入的結果，而需要一些數學先備知識與訓練。換個角度來說，這就是數學的價值，因為懂了一些數學，我才能證明無解。

解題的樂趣

回顧這道題目，嗯，它真的花了我很多時間。如果沒有它，或許我能塗塗鴉、發展繪畫才能，或是成為一個詩人……。但因為有它，讓我很多次感受到解題的樂趣。

這種樂趣跟課業無關，解題失敗也一點都不要緊，甚至因為很多人都放棄了，我更可以無牽無掛的面對它。

我相信其他人如果跟我花一樣多的時間，大概會比我更早發現這道題目的關鍵不在找解，而是要證明它無解。我或許後知後覺，但很開心能憑著自己慢慢摸索，讓想法產生重大的改變。而且到了最終，長大後的我總算替九歲的我回答了問題：

「老師，這題根本解不出來，不過我證明了它沒有解。所以你還是得給我 50 元獎金。」

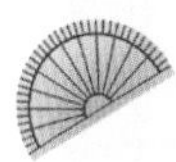

5 寺廟裡的機率

你去寺廟中拜拜擲筊過嗎？
這是信徒問神的方式，
擲出不同的結果，代表神明不同的回答。
但原來其中蘊藏著數學的玄機……

今天下雨機率 90%，請民眾外出記得攜帶雨具……
90%
出太陽吔！
喵～
今天下雨機率 10%，晴時多雲……
10%
怎麼下大雨了……氣象預報不是說晴時多雲嗎？
甩甩～
吼～機率！到底是什麼啦！？
汪～
汪～

我從小就很粗心。上學打開書包一看，課本忘記帶；段考考卷發下來，也常常對著考卷哀號，為什麼又把乘號看成了加號。一定要帶的東西卻躺在家裡，明明會寫的題目卻答錯……我很討厭粗心的自己，偏偏這種意外一直發生，還陪我到現在。

幸好，生活中有不好的意外，也有好的意外。比方說，去球場打球，剛好遇到隔壁班朋友；抽扭蛋或卡片時，得到的剛好是我最想要的。

印象中最深刻的是國中時，我在福利社買飲料抽中「再來一杯」，下課時去兌換，回來打開又抽中！再去兌換一杯，帶回來請旁邊的同學喝。

「等等，我來幫你打開好了。」

我搶過來一打開，預感沒錯，果然又中獎了！

我連續中了三次「再來一杯」，第四次沒再中獎雖然有點失落，但更覺得鬆了一口氣，因為中了這麼多次獎，感覺好運都要一口氣用光了，如果可以，我希望運氣能保留在大考。更長大一點，學到「機率」後，我才知道原來意外也能計算。

機率可以預測結果

有些事情每次出現的結果都不一定，好比說對發票，有時中獎、有時落空，看起來好像沒有規則，但數學家發現，如果長期觀察下來，這些不確定的事情，其實很聽「機率」的話。

例如，長期觀察擲硬幣的結果並統計後發現，把硬幣往上擲，當硬幣落下時，「出現正面或反面的可能性各一半」——也就是機率各為 $\frac{1}{2}$ ，意思是，不管是把一枚硬幣擲 100 次或一次擲 100 枚硬幣，結果都是正面跟反面大約各 50 次或 50 枚。

如果氣象預報的主播說「明天降雨機率為 30%」，你可以賭一下不帶傘，如果他說「降雨機率是 90%」，那最好還是帶著傘吧。明明天氣是一件難以確定的事情，氣象預報卻可以使用數學，幫助我們做好事前準備。

隨著機率變化

機率無所不在，還藏在我們料想不到的地方，例如走進香煙裊裊的寺廟，向神明請示的筊杯之中，就藏著機率。

擲筊的規則是，在心中想一個是非題請教神明，想好後把合在手中的一對筊杯往地上輕擲，兩片筊杯會呈現不同的凸面和平面組合，代表神明不同的答覆，可分成三種回應：同意、不同意、不清楚。

假設今天神明在忙，沒有發揮神力在擲筊上，擲筊的結果就會像你丟銅板一樣，完全隨著機率變化。那麼，筊杯顯示神明說「同意」的機率是多少呢？讓我們來做個實驗吧。

數學實驗

1. 準備一對筊杯，每一片分成凸面和平面；或是用兩枚 10 元硬幣，用文字代表凸面，人頭代表平面。

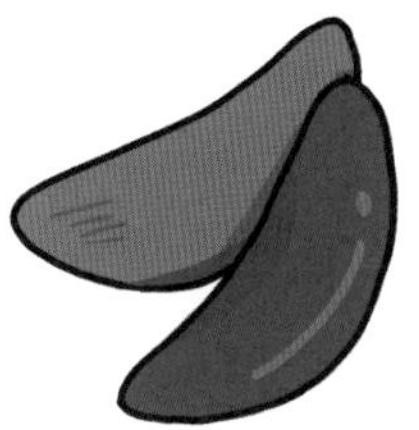

2. 先把兩片筊杯平面對著平面合在一起，以兩手握住。

若使用硬幣，則把人頭的一面相對。

3. 朝著地面把筊杯擲出，讓筊杯自然落到地上。

力道不要太大，或擲出時不要太高，免得筊杯或硬幣滾遠。

4. 觀察擲出的筊杯組合。

在道教信仰中，信眾會擲筊請求神明指示。出現「一凸一平」表示神明同意，為「聖杯」；出現「兩凸面朝上」表示不同意，為「無杯」；如果「兩平面朝上」，則表示神明沒有確切答覆，為「笑杯」，需要再擲一次。

聖杯　　無杯　　笑杯

5. 畫一個表格，將聖杯、無杯、笑杯的次數，用正字記號記錄下來。

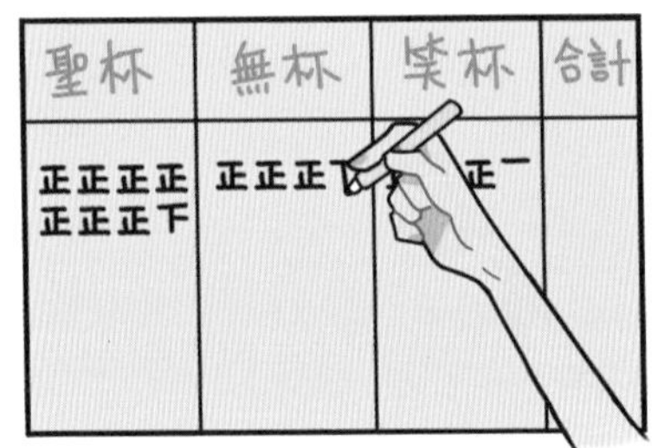

6. 猜猜看，擲了 100 次後，聖杯會有幾次呢？也問問看爸爸媽媽吧！

聖杯	無杯	笑杯	合計
正正正正 正正正正 正正一	正正正正 正一	正正正正 下	100次

得到聖杯的可能性

你猜的次數跟實驗結果接近嗎？每片筊杯都有凸面跟平面，擲筊就像擲硬幣一樣，得到正面跟反面的機率相同。若把兩片筊杯標示為 A 和 B，擲筊的結果共有四種組合，而且每種組合的機率相同：

1. A 凸 B 凸（無杯）
2. A 凸 B 平（聖杯）
3. A 平 B 凸（聖杯）
4. A 平 B 平（笑杯）

其中代表無杯的是第一種結果，機率是 $1 \div 4 = \frac{1}{4}$；代表笑杯的是第四種結果，機率也是 $\frac{1}{4}$；而代表聖杯的包括第二跟第三種結果，所以聖杯的機率是 $2 \div 4 = \frac{1}{2}$。擲 100 次筊杯時，聖杯的次數理論上會是 $100 \times \frac{1}{2} = 50$ 次。你的紀錄應該會接近這個數字。

但實際狀況更複雜一點。在寺廟裡面，信徒請示神明時，只有得到同意或不同意的答案才算有效的結果，擲出笑杯並不算數，必須重擲。也就是說，當擲筊結果是兩平面朝上時，我們會重新擲筊一次，如果依然出現兩平面朝上，得重新擲筊，一直到出現另外的三種組合才算有結果。換句話說，從頭到尾我們要收集的，其實是四種組合當中的三種組合而已。所以，我們可以排除「兩平面朝上的組合」，只用三種組合的結果來計算機率。三種組合中有兩種是聖杯，一種是無杯，所以聖杯對應的機率是 $\frac{2}{3}$ ，無杯對應的機率是 $\frac{1}{3}$ 。

你可用實驗中擲 100 次的數據來計算看看，理論上聖杯會出現 50 次，無杯 25 次：

聖杯與無杯的次數相加＝ 50 ＋ 25 ＝ 75 次

聖杯的機率＝ 50÷75 ＝ $\frac{2}{3}$

當我們在廟中擲筊時，因為笑杯不計，擲出聖杯的機率會是 $\frac{2}{3}$ ，是不是讓人覺得有點意外呢？

我們在生活中常以直覺判斷事情的可能性，

但直覺不一定真實，

事先靠數學來算一算比較準確。

從這次的機率實驗，我們發現原來擲筊時，出現聖杯的次數通常比出現無杯來得高。這樣的設計也許是巧合，也說不定是老祖宗的巧思。以後問問題時，用正面的方式問神明，例如「我這次考試會過關嗎？」效果說不定會很好。畢竟宗教和廟宇很重要的功能是撫慰人心，使心情不好的信眾獲得鼓勵，當信眾詢問問題時，神明給予肯定答案的機率高一點，應該也比較容易安慰人心吧。

延伸學習

賭的學問？

有關機率的學問，在 17 世紀奠定基礎，最早是為了解決擲骰子、輪盤等遊戲的賭金分配問題，由偉大的數學家巴斯卡（Blaise Pascal）和費馬（Pierre de Fermat）提出理論。

機率代表一件事發生的可能性，介於 0 和 1 之間；機率 0 表示這件事不會發生；機率 1 則代表必定發生，也可說是機率等於 100%。當機率介於兩者之間，例如 90%，只能說發生的可能性很高，但不表示一定發生。以下雨機率 90%為例，我們可以這樣想：當同樣的氣候條件發生時，每發生 100 次，有 90 次會下雨，但也可能遇上不下雨那 10 次的機會。

再多想想

你覺得廟裡還有沒有其他地方跟機率有關呢？擲完筊杯，看看旁邊的籤筒，猜猜看，籤筒裡好運跟壞運的機率一樣嗎？

7x
7 x 1 = 7
7 x 2 = 14
7 x 3 = 21
7 x 4 = 28
7 x 5 = 35
7 x 6 = 42
7 x 10 = 70
8x
8 x 1 = 8
8 x 2 = 16
8 x 3 = 24
8 x 4 = 32
8 x 5 = 40
8 x 6 = 48
8 x 7 = 56
8 x 8 = 64
9x
9 x 1 = 9
9 x 2 = 18
9 x 3 = 27
9 x 4 = 36
9 x 5 = 45
9 x 6 = 54
9 x 7 = 63
9 x 8 = 72
9 x 9 = 81
9 x 10 = 90
4x
4 x 5 = 20
4 x 6 = 24
4 x 7 = 28
4 x 8 = 32
4 x 9 = 36
4 x 10 = 40

6 九九乘法變簡單

背誦九九乘法表是學數學必經的大關卡，
尋找它的規律，並且加以破解，
就能愈記愈簡單，
以後計算乘法也會更輕鬆！

37 x 46 = ?
37 + 37 + 37 + 37 + 37 + 37 + 37 + 37
+ 37 + 37 + 37 + 37 + 37 + 37 + 37 + 37
關於這道數學題目……可以把 37 + 37 + 37 + ……加 46 遍，就能得出答案……
六七四十二、六三十八、四七二十八……
37
x 46
?……
答案是 1702。
!!
哇嗚～
不用太崇拜，這是小學生也會算的數學。
推開……

三一得三、三二得六、三三得九、三四十二……這熟悉的唸謠，是許多人都學過的九九乘法表……啊，那還要看嗎？先等等，可別因此跳過這一堂課，因為這次要告訴你簡單背誦九九乘法表的技巧，以及裡面有趣的數字密碼。

乘法表是人類的智慧結晶，據説早在中國春秋戰國時代，已有人把九九乘法表編成歌，方便記誦。背下乘法表能幫助我們省下非常多煩人的計算，舉個簡單的例子，如果今天課堂上的分組活動中你們這組獲勝，你做為代表上前領獎品，老師指著桌上的糖果桶說：「一位同學可以吃四顆。」你們組有六個人，假使你不知道 4×6 ＝ 24，就得 4 ＋ 4 ＋ 4 ＋ 4 ＋ 4 ＋ 4 ＝ 24，用加法慢慢算，像是罰站一樣在老師前面扳手指，半天才搞清楚可以拿幾顆，那可真是太糗了！

雖然不論用加法或乘法，最後都可以算出同樣的結果，但有了乘法可以縮短算式。

數學家發明更進階的數學方法，
就是為了讓我們運算時更輕鬆。

九九乘法表的乘數和被乘數只有一個位數，背誦很方便，只要記熟了，就可以用九九乘法當做基礎，之後計算多位數的乘法也不害怕。

現在請仔細回想，你是怎麼背九九乘法表的呢？是從第 1 項默背到第 81 項嗎？有沒有發現其中有些項目重複了？只要背了其中幾項，另外幾項其實不用背。

比方說，$4 \times 6 = 24$，根據乘法交換率可知 $6 \times 4 = 24$。

中國古代的乘法表就分成「大九九」與「小九九」兩種，大九九記載了 $9 \times 9 = 81$ 項乘法，小九九運用了交換率，所以只有 45 項乘法。

畫一個有玄機的表格

運用一些小技巧，我們還能背得更少些，首先要從畫表格下手。你在課堂上看到的九九乘法表，經常寫成九個小表，有一堆數字和算式，但那樣的表格，其實掩蓋了很多有趣的訊息，讓我們不容易看到數字之間的漂亮規律。

這次的實驗教你把九九乘法表統整成一個大表格，只要使用這個表格，可以一次呈現出全部的 81 項乘法。更棒的是，你不需要把每一格都「硬背」起來。

讓我們一起來觀察乘法表裡數字的規律，只要找到符合規律的格子就塗上顏色，代表它們很容易記住。最後會剩下少數的白色格子，把它們背起來就好了！

數學實驗

1. 畫出跟下圖一樣的九九乘法表，最上方一排和最左方一排的數字兩兩對應到的格子裡，是兩個數字相乘的結果。

例如 6×8 = 48 或 8×6 = 48

	1	2	3	4	5	6	7	8	9
1	1	2	3	4	5	6	7	8	9
2	2	4	6	8	10	12	14	16	18
3	3	6	9	12	15	18	21	24	27
4	4	8	12	16	20	24	28	32	36
5	5	10	15	20	25	30	35	40	45
6	6	12	18	24	30	36	42	48	54
7	7	14	21	28	35	42	49	56	63
8	8	16	24	32	40	48	56	64	72
9	9	18	27	36	45	54	63	72	81

2. 你發現右上半邊表格中的數字，和左下半邊的數字彼此對稱嗎？這是因為乘法交換率。把右上半邊重複的數字塗上顏色。

	1	2	3	4	5	6	7	8	9
1	1	2	3	4	5	6	7	8	9
2	2	4	6	8	10	12	14	16	18
3	3	6	9	12	15	18	21	24	27
4	4	8	12	16	20	24	28	32	36
5	5	10	15	20	25	30	35	40	45
6	6	12	18	24	30	36	42	48	54
7	7	14	21	28	35	42	49	56	63
8	8	16	24	32	40	48	56	64	72
9	9	18	27	36	45	54	63	72	81

數學實驗

3. 第一直排是 1 的乘法，只要從 1 數到 9 就好。最後一橫列是 9 的乘法，規律是：「十位數從 0 數到 8，個位數從 9 數到 1」。這兩排不必硬背，也都塗上顏色。

	1	2	3	4	5	6	7	8	9
1	1	2	3	4	5	6	7	8	9
2	2	4	6	8	10	12	14	16	18
3	3	6	9	12	15	18	21	24	27
4	4	8	12	16	20	24	28	32	36
5	5	10	15	20	25	30	35	40	45
6	6	12	18	24	30	36	42	48	54
7	7	14	21	28	35	42	49	56	63
8	8	16	24	32	40	48	56	64	72
9	9	18	27	36	45	54	63	72	81

4. 中間的第五直排和第五橫排是 5 的乘法，規律是：「個位數輪流出現 5 和 0，十位數依序為 1、1、2、2、3、3、4、4」，所以也不用硬背，可塗上顏色。

	1	2	3	4	5	6	7	8	9
1	1	2	3	4	5	6	7	8	9
2	2	4	6	8	10	12	14	16	18
3	3	6	9	12	15	18	21	24	27
4	4	8	12	16	20	24	28	32	36
5	5	10	15	20	25	30	35	40	45
6	6	12	18	24	30	36	42	48	54
7	7	14	21	28	35	42	49	56	63
8	8	16	24	32	40	48	56	64	72
9	9	18	27	36	45	54	63	72	81

破解九九乘法表

塗完顏色後，是不是覺得九九乘法表變簡單許多？實驗中畫的大表格省略了運算符號，只剩下簡潔的數字，觀察表格內數字的排列規律，不用很費力就能背完九九乘法表。

在前兩個步驟中，你可以知道 $8\times6=6\times8$，這是乘法交換律。你還可以觀察到 6×8 是 6 這一橫排的第八格，而格子內的數字 48，恰好是這排第三格加第五格的結果（$18+30=48$），也就是 6 的 3 倍加上 5 倍。你也可以在其他數字的乘法裡驗證這樣的關係。

第三步驟跟 9 有關的乘法，為什麼有那樣的規律呢？因為 9 可看成（$10-1$），如此一來，算式變成：

$9\times1=(10\times1)-(1\times1)=0+(10-1)=9$

$9\times2=(10\times2)-(1\times2)=10\times1+(10-2)=10+8$

$9\times3=(10\times3)-(1\times3)=10\times2+(10-3)=20+7$

$9\times4=(10\times4)-(1\times4)=10\times3+(10-4)=30+6$

最後就出現了「十位數依序加 1，個位數依序減 1」 這樣的規則。或者，用下面的算式來記 9 的乘法，也很簡單！

$9\times1=10-1=9$

$9\times2=20-2=18$

$9\times3=30-3=27$

$9\times4=40-4=36$

第四步驟 5 的乘法，因為是十進位，而且 5 是 10 的一半，所以倍數會呈現 5、10、15、20 的規律。

除此之外，你當然還可以繼續在表中發掘更多規律。比如第二直排 2 的乘法中：

第六格：6×2 ＝ 12 ＝ 2 ＋ 10 ＝第一格＋第五格

第七格：7×2 ＝ 14 ＝ 4 ＋ 10 ＝第二格＋第五格

第八格：8×2 ＝ 16 ＝ 6 ＋ 10 ＝第三格＋第五格

第九格：9×2 ＝ 18 ＝ 8 ＋ 10 ＝第四格＋第五格

這四格內的數字，剛好是前四格的數字分別加上第五格數字，因為第五格是 10，所以很好記。其他偶數的直排也有類似的規律，只需要背前五格，其他格子用規律來幫助記憶。

數學不只是埋頭計算，
更是要教導我們看出規律，
思考造成規律的理由！

在課堂上背乘法表時，老師不一定會帶著我們觀察數字之間存在的規律，但我們在琅琅上口的背誦時，潛意識裡可能已經察覺到一些規律，並運用來幫助記憶。現在，我們理解了這些規律的由來，對於乘法的運算就更清楚了！

延伸學習

歷史悠久的乘法表

理解規律的由來，能讓我們更理解乘法表，背誦起來也就更容易了。乘法表能協助我們更快完成乘法計算，不僅現代如此，古時候也是如此。我們現在背誦的乘法表具有悠久的歷史！早在兩千多年前中國的春秋戰國時代，九九表就已經出現。漢朝邊境地區甚至出土了不少寫有九九表的竹簡，史學家推測，因為當時的士兵必須具備基本的計算能力才有晉升機會，而學會九九乘法表，代表具備這樣的能力。不同時代的九九乘法表長得不太一樣，漢代是從九九八十一開始往回列到一一得一，大約到了宋代，才演變出和現在一樣順序的背誦口訣 。

再多想想

你在九九乘法表中還發現了什麼特性嗎？把每一直排的頭尾數字相加，會得到哪些數字呢？

1
1. 一元復始
3. 三陽開泰
5. 五福臨門
7. 七星高照
9. 長長久久
11. 百業興旺
13. 萬馬奔騰
15. 瑞兆豐年
2
2. 兩全其美
3. 三陽開泰
6. 六六大順
7. 七星高照
10. 十全十美
11. 百業興旺
14. 事事如
15. 瑞兆
3
4. 四季平安
5. 五福臨門
6. 六六大順
7. 七星高照
12. 千事吉祥
13. 萬馬奔騰
14. 事事如意
15. 瑞兆豐年

7 數字吉祥話

恭喜發財、萬事如意……
充滿喜氣的吉祥話人人愛聽，
這堂課要教你一個吉祥話猜心術，
讓你可以神氣兮兮的展現數學力！

今天上學忘了帶數學課本，我真怕老師說我一二五六，叫我去罰站……
123 456 ?
嗷？
一整堂課，我心裡一直八分之七……
7/8 ??
唔……
好不容易終於等到下課，我立刻和同學們 555、555、555，跑去操場玩！
??……?
汪！
汪！
講話就講話，為什麼要 7÷2 呢？真是 2266！

你對吉祥話熟悉嗎？每年有個特別的時刻，華人特別會講吉祥話，還把吉祥話運用在猜謎之中，那就是農曆新年。我很喜歡農曆新年。小時候每到春節，家裡就會連續花上好幾天大掃除，張貼春聯。

「福要倒著貼，表示『福到了』。」

爸爸告訴我這個老祖宗的小巧思，我覺得很有趣。元宵燈謎更是充滿創意，大家盯著題目猜來猜去，答案一揭曉，「喔！」「對呀！」的聲音此起彼落，煞是有趣。

其中有些謎語還跟數字很有關係，比方說，「二四六八」猜一句成語，答案是「無獨有偶」，因為 2、4、6、8 都是成雙成對的「偶」數，這裡沒有除以 2 後會留下「單獨」一個 1 的奇數。下面再提供兩道題目，請你先想想看，答案公布在文章最後面：

一二五六，射四字成語

七百減一，射一字

春節就是這麼一個紅通通、又充滿喜慶與巧思的節日。這一堂「數學實驗」要同樣發揮巧思，運用「二進位」設計一組道具，你可以拿著它，在親戚長輩面前表演，猜出他們心裡想說的吉祥話。

說說二進位

但在正式實驗前，先簡單介紹「二進位」的概念。

二進位是電腦表示數值的方法，可以想成電腦裡有很多組開關，1 表示開，0 表示關。對於每一個數值，電腦都會用這些「數字開關」來表示。比方說，13 在電腦中會拆解成這樣：

13 ＝ **8**×1 ＋ **4**×1 ＋ **2**×0 ＋ **1**×1，表示成 1101

意思是它用了四組數字開關，最左邊的兩個 1 分別代表「8」跟「4」這兩個開關開啟了，最右邊的 1 代表「1」這個開關也開啟了。剩下的 0 呢？代表「2」這個開關是關閉的，也就是「沒有」。換句話說，電腦用 1、2、4、8 這幾個數字來湊出數值，並且根據哪幾個數字有用到、哪幾個沒用到，把對應的位置填上 0 與 1。這就是二進位。

十進位轉換成二進位								
十進位	1	2	3	4	5	6	7	8
二進位	0001	0010	0011	0100	0101	0110	0111	1000
十進位	9	10	11	12	13	14	15	
二進位	1001	1010	1011	1100	1101	1110	1111	

上面的表格是 1~15 的二進位對照表，你可以試著驗算看看，接著根據這張表格來做實驗。

數學實驗

1. 首先，想 15 句吉祥話，幫它們編上 1~15 號。接下來做四張卡片，依下列指示的號碼寫上吉祥話。

第一張：1、3、5、7、9、11、13、15 號

第二張：2、3、6、7、10、11、14、15 號

第三張：4、5、6、7、12、13、14、15 號

第四張：8、9、10、11、12、13、14、15 號

這裡提供一組和數字有關的吉祥話：

1 號：一元復始	6 號：六六大順	11 號：百業興旺
2 號：兩全其美	7 號：七星高照	12 號：千事吉祥
3 號：三陽開泰	8 號：八方來財	13 號：萬馬奔騰
4 號：四季平安	9 號：長長久久	14 號：事事如意
5 號：五福臨門	10 號：十全十美	15 號：雪兆豐年

2. 展示卡片，同時暗自記住以下卡片跟數字的對應關係。

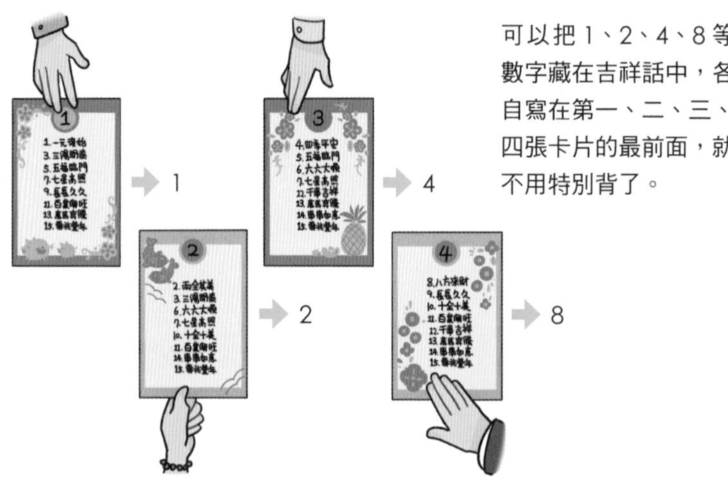

可以把1、2、4、8等數字藏在吉祥話中，各自寫在第一、二、三、四張卡片的最前面，就不用特別背了。

3. 請家人、朋友選一句卡片上的吉祥話，但別說出來，只要告訴你這句話出現在哪幾張卡片上。把對方指出的卡片對應的數字相加，得到的答案就是對方心中吉祥話的編號。

如果吉祥話出現在第一跟第四張卡片，那就是 1 ＋ 8 ＝ 9，
9 號吉祥話：長長久久。
如果吉祥話出現在每一張卡片上，就是 1 ＋ 2 ＋ 4 ＋ 8 ＝ 15，
15 號吉祥話：雪兆豐年。

猜心術有道理！

聰明的你或許已經察覺到這個實驗的原理了。這裡的四張卡片好比是電腦裡的四個開關，對方回答你吉祥話有沒有出現在這四張卡片裡，等於是告訴你「代表 1、2、4、8 的開關各自有沒有開」。當你知道各開關的狀況後，就會知道這個數值以二進位表示是什麼樣子，再把二進位數值轉換一下，便能得到吉祥話的編號。

同樣一個數值，除了平常的十進位表示法，
也能用二進位來表示。

為什麼這四張卡片能讓我們知道，對應的二進位數字開關有沒有開呢？關鍵在吉祥話的編號，以及吉祥話所在卡片對應的數字。各卡片上吉祥話的安排是有原因的，並不是任意寫上去，以第二張卡片為例，上面吉祥話的編號為：

2（二進位為 0010）、3（0011）、6（0110）、7（0111）
10（1010）、11（1011）、14（1110）、15（1111）

這幾個數字轉換成二進位後有一個共同點：由右往左數，第二位都是 1，代表「2」這個開關是開的，反之則是關。其他卡片上的吉祥話也有同樣的安排，所以只要問對方，心中的吉祥話出現在哪幾張卡片，就可知道這個編號改成二進位後，各個位數的數值是 0 還是 1，並可反推出編號本身。

身為數學魔術師，先把規則訂好，對方不論怎麼任意選擇吉祥話，它們出現的位置都會落在你的規範裡面。由於你了解背後的運算，知道這些數字是有關聯的，當然不需要瞎猜，就可以算出正確答案。

用四張卡片來玩，能推論出 15 個數字，如果使用更多張卡片，能從更多數字裡猜出對方心裡想的數字，像是魔術變厲害了一樣。

我們來想想看，兩張卡片可以猜三個數字 1、2、3，它們分別對應到二進位的 01、10、11。三張卡片可以猜 1 ～ 7；四張卡片可以猜 1 ～ 15，這裡頭的規律是什麼呢？也許你已經猜出來：

兩張卡片，能猜出 $2\times2-1=3$ 個數字

三張卡片，能猜出 $2\times2\times2-1=7$ 個數字

四張卡片，能猜出 $2\times2\times2\times2-1=15$ 個數字

每多一張卡片，相當於二進位多一個位元，能表示的數字變成兩倍，但要扣掉數字 0，所以再減 1。

學會了二進位，能把數值打扮成別人看不懂的模樣，並且展現厲害又神奇的猜心術。趕快做一套卡片，趁著家庭聚會時好好表現一下吧！

延伸學習

還有什麼進位呢？

回想一下我們平常怎麼進位？由 0 數到 9，滿 10 時，往左邊的十位數「進位」，使十位數加 1；當十位滿 10，則百位數加 1，依此類推。只要使用 0 ～ 9 這十個數碼，就能表達大大小小的數字，這是**十進位**，也叫十進制。同樣的道理，二進位是滿 2 進位，只使用了 0 和 1 這兩個數字。除此之外，計算機領域也會用到八進制、十六進制。八進制是滿 8 進位，使用 0 ～ 7 共 8 個數碼，但十六進制需要 16 個數碼，該怎麼辦呢？只好跟英文字母借了，包括 0 ～ 9 及 A ～ F。你也可以想想看，十二進制或二十進制要怎麼表達，再想想看，時鐘又是幾進制？要幾秒才能進位到分？幾分可進位到小時？

再多想想

15 之內的數字，都可以用四張卡片來玩，例如猜十二星座。那麼五張卡片可以用來猜些什麼呢？想想看，還能怎麼玩？

內文答案：「七百減一」為「皂」

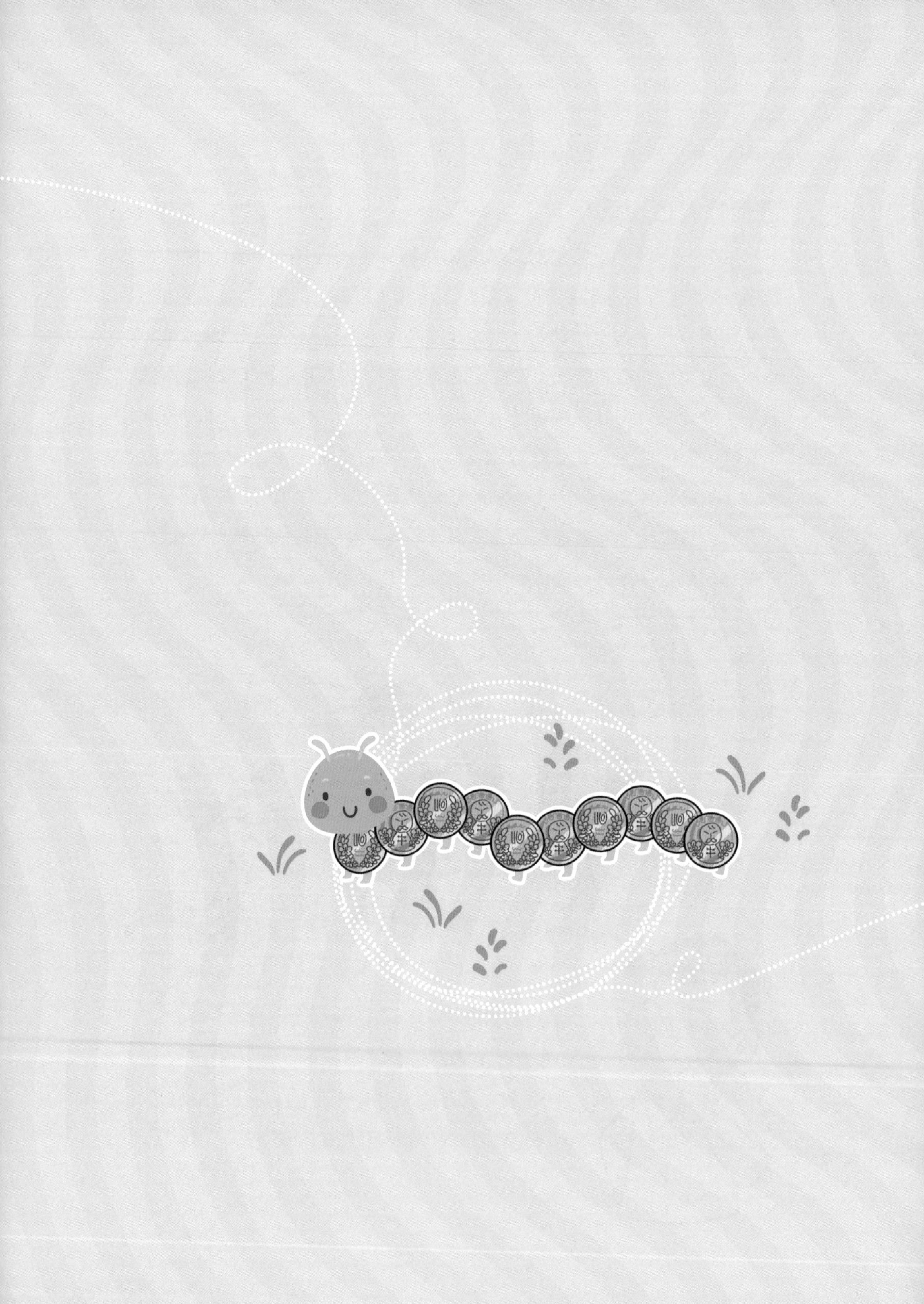

8 硬幣毛毛蟲演化遊戲

演化是生物世界演變的原動力，
這一次不學複雜的數學計算，
我們輕鬆的從遊戲中認識演化吧！

今天老師教演化，說動物的顏色如果突變，變得和環境一樣，比較不容易被天敵發現……
天敵？在說誰？
這樣就演化成功了！
東張
西望
小法！吃飯嘍！
汪！汪！
演化可沒那麼簡單！這下子你的「天敵」發現你嘍！哼哼！
嗷嗚……
嗚……
抓！

達爾文是 19 世紀英國科學家，他在一百多年前提出的演化論，解釋了人類可能從哪裡來，以及世界上為什麼會有各式各樣的生物，對世人的思想產生重大影響。

「物競天擇，適者生存」正是達爾文提出的演化概念，指的是，生物會一代代演化，適應環境的留下來，不適合生存的被淘汰，族群的特徵也隨著時間慢慢改變。

什麼意思呢？我們用毛毛蟲來舉例説明。假設這個世界上某個地方住了一群黑色的毛毛蟲，再假設牠們會長成黑色，是因為體內有幾個黑色基因。但這個地方的環境很不幸的是純白色，黑色在白色環境當中非常明顯，所以黑色毛毛蟲必須躲好，否則很容易被鳥類發現並捕捉。

毛毛蟲愈長愈多，有不少黑色毛毛蟲找不到合適的地方躲藏，被鳥類抓走。有一天，一隻毛毛蟲誕生了，牠的體色竟然有點灰灰的，原來，牠有一個黑色基因突變了，變成白色基因。本來較多的黑色色素加上一些白色色素，讓毛毛蟲的體色變得沒那麼黑，與同伴相比比較不顯眼，因此較容易躲過天敵追蹤。灰色毛毛蟲因此順利成長、繁衍，把白色基因遺傳給後代。牠的下一代也都有點灰灰的，比黑毛蟲更不容易遭到天敵捕捉。

就這樣又過了幾代，突變再次發生，一隻灰毛蟲的某些黑色基因再度突變成白色基因，使毛蟲顏色變得更淺，在白色環境中適應得比深灰色的毛蟲更好。由於顏色愈深的毛蟲在白色環境中愈顯眼，愈容易遭到捕捉，顏色愈淺的毛蟲愈容易隱藏在環境中，愈容易存活下來。因此漸漸的，經過好幾次的突變之後，留下的毛毛蟲顏色變得愈來愈淺，最後變成和環境一樣是白色的！

毛蟲演化遊戲

直接透過實驗來體會更直接，我們這次就以毛毛蟲為例，來玩一場演化遊戲。

用六個硬幣排成毛毛蟲，每個硬幣代表毛毛蟲的一個體節。硬幣的正反面代表不同的特徵，寫成數字 1 和 0，然後擲骰子決定毛毛蟲突變的命運！目標是加起來的數字愈大，代表毛毛蟲分數愈高，愈接近理想的毛毛蟲。

例如，有隻長成 101010 的毛毛蟲，牠會「繁殖」後代，後代有的跟自己一樣，有的會「突變」，可能是 0 變成 1，或是 1 變成 0；再來是「淘汰」，每個 1 算一分，只讓分數最高的毛毛蟲繼續生存，再繁殖下一代。重複幾代後，毛毛蟲的分數應該愈來愈高。

跟家人朋友一起玩，比比看誰最快演化出分數最高的理想毛毛蟲吧！

數學實驗

1. 首先把硬幣排在方格紙上玩會更清楚。正面代表 1，反面代表 0，第一代毛毛蟲是 101010。

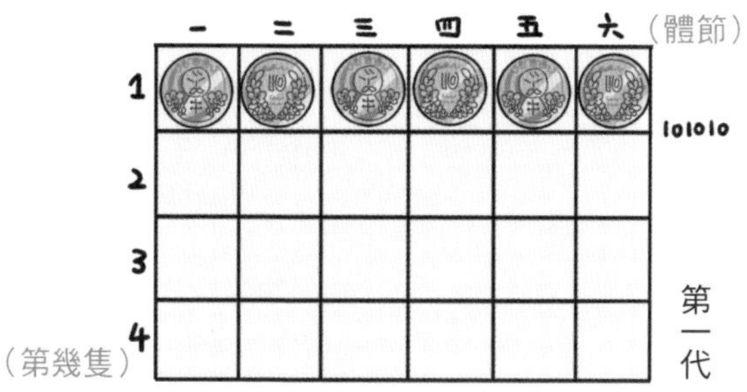

2. 每代會再生出四隻毛毛蟲，有一隻跟上一代相同，另外三隻會突變。先排出四隻跟第一代相同的毛毛蟲。

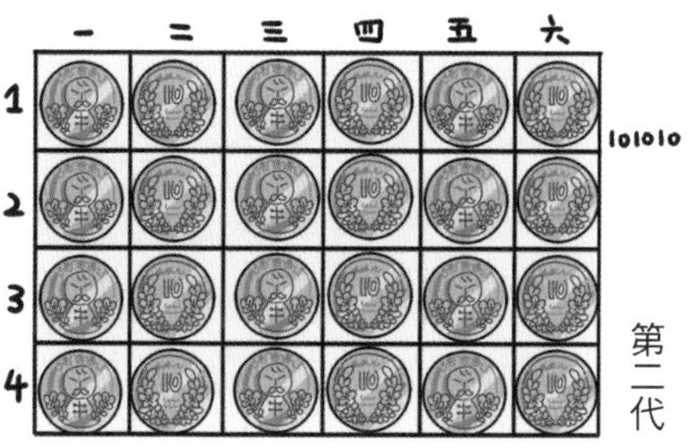

3. 擲骰決定突變的體節，根據點數把對應位置的硬幣翻面。例如擲出兩點，就把 101010 翻成 111010。

4. 分別擲骰三次，完成三隻毛毛蟲的突變。幫每隻毛毛蟲計分，每一個 1 為一分。

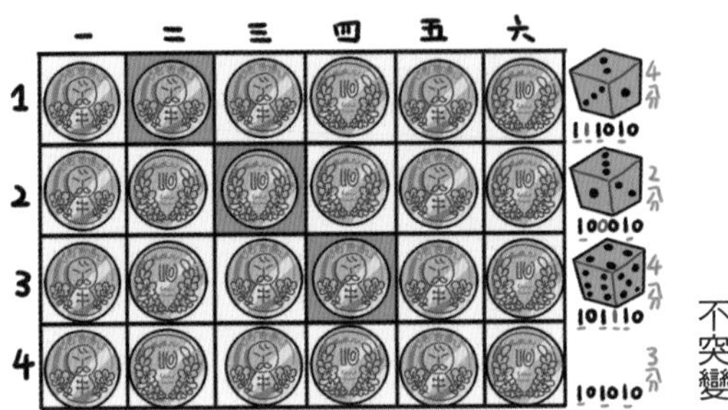

5. 保留最高分的毛毛蟲，若同分則任選一隻，進行下一次繁殖。其他淘汰。

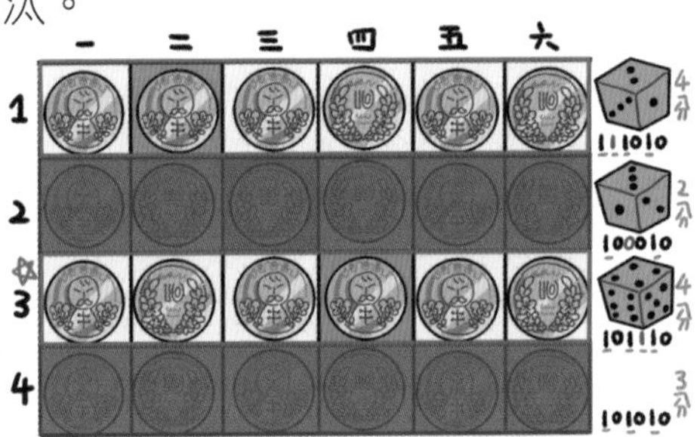

第 1、3 隻都是最高分，任選第 3 隻繼續繁殖

6. 第二代開始繁殖，並以同樣的規則發生突變，一直玩到第六代。

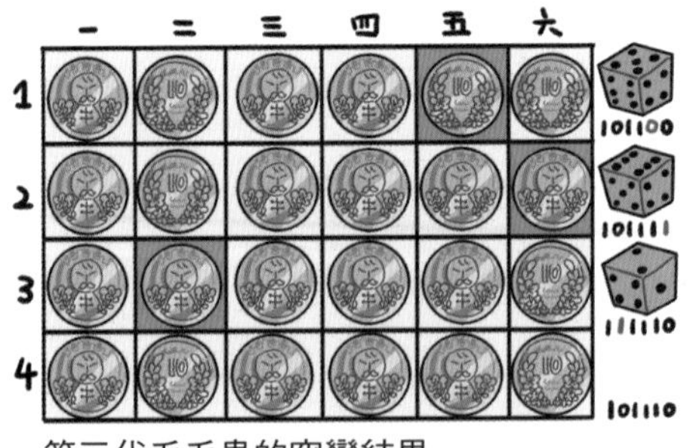

第三代毛毛蟲的突變結果

演化裡的數學

遊戲玩到第六代突變，你的最高分是多少呢？是分數愈來愈高？還是每一代的分數上上下下？因為有淘汰機制，只留住最高分的毛毛蟲，所以玩愈多代，分數應該會愈變愈高。

假如每一次的突變都很順利的把一個硬幣翻到正面來，讓 0 變成 1，最後會很快演化成六分的理想毛毛蟲，你覺得最快到第幾代能演化成功呢？

試想看看：第一代的 101010 有三個 0，繁殖出第二代並且突變，剩下兩個 0；到第三代突變後剩下一個 0；到第四代突變就變成 111111 了！

算算看機率：毛毛蟲原本六節裡 0、1 各有三個，因此第二代每隻毛毛蟲發生 0 變 1、1 變 0 的機率各是 $\frac{1}{2}$ 。連續擲骰三次，三次都不幸讓 1 變成 0 的機率是：

$$\frac{1}{2}\times\frac{1}{2}\times\frac{1}{2}=\frac{1}{8}$$

因此至少有一隻毛蟲發生 0 變 1 的機率是：

$$1-\frac{1}{8}=\frac{7}{8}$$

這是第二代毛毛蟲得到四分的機率。

你可以接著計算第三代毛毛蟲得五分的機率，以及第四代毛毛蟲得六分的機率。再計算出由第二代至第四代即順利演化出理想毛毛蟲的機率。

我們可以把 1 和 0 想像成有關顏色的基因，0 代表黑色，1 代表白色。選取高分代表顏色較淺的毛蟲較易存活下來，而 111111 理想毛毛蟲，就是和白色環境同色的白色毛毛蟲。

當然，大自然裡突變的機率要低許多，演化也需要更長的時間才能達成。這次實驗為了能快速掌握演化的概念，才把突變的機率設定得很高。

運用數學，可以讓生物概念
變得更有條理、更容易理解。

真實的演化過程更複雜，科學家運用更多的數學工具，寫出數學式來呈現演化這件事，就可以做各種不同的分析。

有趣的是，生活裡到處可以發掘數學的蹤跡，就算玩遊戲，也會用到數學！

延伸學習

演化的要點

演化的發生有幾項要點：

1. 同一個族群的個體間存在著性狀的差異，這叫**個體差異**。
2. 環境條件許可的情況下，族群可能**過度繁殖**。
3. 由於過度繁殖，使得同族群個體間或族群間產生**資源競爭**。
4. 性狀較適合當時環境條件的個體有較好的生存機會，並有較多繁殖後代的機會，這就是**適者生存**。

最後，很重要的是，必須再加上**時間**因素。

以毛毛蟲的例子來看，個體差異指的是毛蟲的顏色不同。當毛蟲繁衍的數量過多，環境因素就會發揮作用。由於顏色淺的毛蟲適應得較好，所以存活下來，顏色深的則遭到淘汰。這個過程需要時間，毛蟲才能漸漸由黑色演化成白色。

再多想想

如果將遊戲修改成一次只有一隻毛毛蟲會突變，你覺得會演化得更順利還是不順利呢？

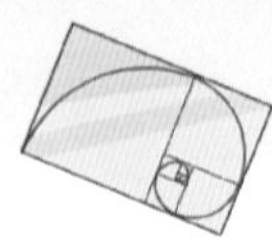

數感小棧

一題多解的價值

一道題目其實有很多不同的樣貌。
我解過的題目並沒有特別多，
但我在每道題目上試過的解法，
或許比其他人多出不少。

說起小時候學數學，我對一道題目印象很深刻。這麼說或許有點不正確，因為我並不記得那道題目的完整描述，只依稀記得有個很奇怪的不規則多邊形，題目要求算出它的面積。

當時的我是個國中生，盯著題目看了老半天，怎麼樣都算不出來。偏偏在解題時，我是個相對有耐心的人——老實說，我大多時候都沒什麼耐心，唯獨對數學不一樣（至於為什麼？請見我的上一本書《賴爸爸的數學實驗：

15 堂趣味幾何課》）。我挑戰了很久，用盡各種方法嘗試攻克，最終都以失敗收場。

後來，老師告訴我們解答。他輕巧的在這個多邊形中間畫出一個座標軸，把多邊形分割成四個有直角的小多邊形。這時，我立刻看出該怎麼解了。每個有直角的小多邊形裡，還能再畫上幾條輔助線，分割成更多好計算的三角形。原本看起來牢不可破的題目，被一個十字座標輕巧的瓦解成碎片。

現在想想，讓我印象深刻的並不是題目本身，而是解題方式帶給我的衝擊感。原來困住我許久的問題，竟然有這麼簡單的解法。想出這道解的人也太天才了吧！又或者，為什麼我想了那麼久，竟然沒想到這招呢？

有更棒的解法嗎？

有了這個經驗，後來我在解題時，如果時間還夠，都會試著問問自己「還有沒有別種解法？」。原因很務實：我非常粗心，粗心到驗算時會犯同樣的計算錯誤，或看錯同樣的地方。因此如果有別種解題方法，能大幅提高我的驗算效果。

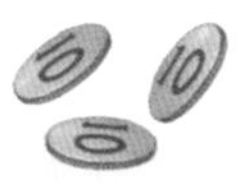

6×6=6+6+6+6+6+6

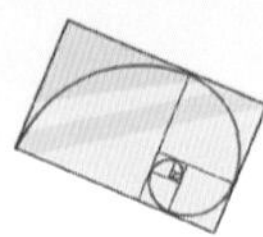

另一方面，如果能想出比較快的解法，對考試非常有幫助。畢竟從某個角度來看，考試是限時的比賽，看誰能在固定時間內算對最多題目。但我的心裡還有一個更深層的原因，我也想成為那個「能想出很棒的解法」的人。

一道數學題目可能有很多人答對，
就像一件事情有很多人都能做到。
但做得又快又好的人，
就不一定有那麼多了。

所以有時候，我做完了一道題目，會再想想看有沒有第二種、第三種解法。參考書上教了 A 題目可採取 a 技巧，B 題目可使用 b 做法，C 題目就代 c 公式，但我會嘗試以 a 技巧解解看 B 跟 C 題目。雖然多數時候，換一種解法並沒有比較快，感覺只是繞了一條遠路，沒有滿足我原本想要的那種「我也很厲害」的虛榮心，但我卻因此有了意外的收穫。

該怎麼說呢？這就像每個人都有多重的樣貌，跟朋友相處是一種樣子，跟家人相處是一種樣子，在喜歡的對象

面前又是另一種樣子。每一種樣子都是我們的一部分，當我們和一個人相處得夠久，看過他夠多的樣貌之後，才能說是真正了解這個人。

數學練習曲

題目也是這樣，一道題目其實有很多不同的樣貌，用暴力法硬解很直率，但得花很多時間；用技巧解看起來很漂亮，可是好像不太好運用，得記住很多細節；只有數字的題目，轉個彎卻可以變成幾何題；一個看起來難解的幾何問題，放上座標軸後竟然豁然開朗。

正如《學習如何學習》的作者歐克莉（Barbara Oakley）曾在演講中提過的：

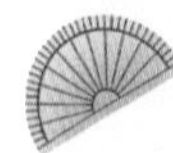

當你做習題時，

千萬別做一遍就再也不理它。

你曾經只唱過一首歌一次，

就永遠記得怎麼唱嗎？

不曾吧！

$6\times6=6+6+6+6+6+6$

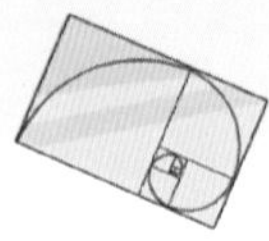

小時候的我沒聽過這段話，就算聽到了，可能也不會有太深的感受。但現在的我覺得她說的真有道理！對啊，為什麼我們會覺得「算對」，就表示完全懂了呢？

我想，有部分可能是因為我們過度在意結果了。

過程和結果一樣重要

我兒子目前三歲，正是模仿學習力很強的階段，有一天我問他為什麼不把飯吃完，他說：

「這本來就沒有原因。」

我聽了感到有些生氣，但幾秒後才想起來，我前幾天叫他睡覺，他問我為什麼要睡覺，我一時懶得解釋，正是用同樣的話回答他的——大人真的不論何時，都該好好跟孩子溝通呀！但這也證明了，他的學習速度真的很快。

接下來又有一天，我在客廳做柔軟操，想要彎身摸地板，但因為柔軟度太差，伸長的指尖只能勉強碰觸地板。兒子走過來觀察我幾秒後，彎下膝蓋，半蹲著用手指尖摸地板，然後對我露出得意的微笑。

「這樣犯規！你不能彎膝蓋。」

我正想抗議，卻發現原來在他眼中，痛得要命的拉筋

動作並不重要，「用指尖碰地板」才是最重要的目標。因為他沒注意到我其實是在拉筋，當然也無法體會我的動作的價值所在。

回到解題，我於是想，會不會有些時候我們也像我兒子一樣，只關心最後要摸到地板，所以解題時只關注正確答案，而忽略了解題過程的價值。

這不是說答案不重要，而是說，比起只注意答案，如果能更專注在過程上，是否能學到更多的思考面？正如很多人常說的：

數學是一門思考的學問。

若能如此，是否有機會讓解題變得更有趣，而不是費盡心力算完之後，一翻兩瞪眼的對答案。

看見不一樣的風景

這些事沒有人跟我說過，但我覺得自己很幸運，因為一些機緣，意外養成了一題多解的習慣。我解過的題目並沒有特別多，但我在每道題目上試過的解法，或許比其他

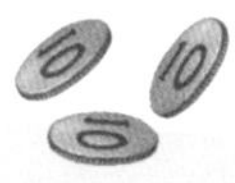

6×6=6+6+6+6+6+6

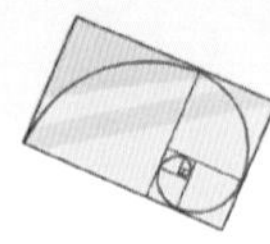

人多出不少。

下次，或許你也可以試試看，找一本不錯的題本，或是課本的例題、習題也很好。先慢慢的把題目做一次，做完之後重新看看，每一題還有沒有不同的解法。你甚至可以把解法都寫下來，跟同學討論，看看對方有什麼你沒想過的路數。說不定，在討論的過程中，你會發現原本沒看到的美麗數學風景。

換你試試看

看到廣告招牌上有下面這樣的優惠，你覺得一條巧克力的原價是多少錢呢？想想看，有哪些解法呢？

如果你念國中了，可以試著把 1 支巧克力棒的價錢設為 X 元，然後解方程式：

3X ＋ 10×3 ＝ 135，得出 X ＝ 35 元。

我們也可以不設未知數，而是利用第二支 10 元的訊息。因為 6 支裡面有 3 支是 10 元，所以 3 支「第一件」的價格是：

135 － 10×3 ＝ 105。

原價是 105÷3 ＝ 35 元。

我們也可以直接把 6 支拆成兩兩一組的「三組」，每組價格是：

135÷3 ＝ 45 元，既然第二支 10 元，原價的第一支就是：

45 － 10 ＝ 35 元。

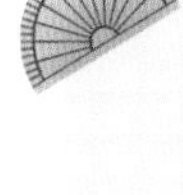

你還想得出其他解法嗎？如果先假設 6 支的價格都是 10 元呢？你算得出來嗎？

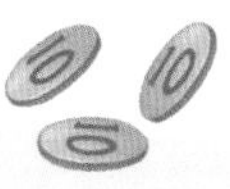

120°
120°

9 看事物的角度好重要

你知道視力檢查表上的數字怎麼來的嗎？

沒想到竟跟角度有關係！

看事情，看事物，都要看角度！

探長！探長！
你看這張照片
是什麼？
哦！近看像
甜甜圈。
嗯！好吃~
遠看像游泳圈。
汪！
汪！
距離和大小是重點，如果
這個圈圈距離我們 5500
萬光年，大小會是 300 個
天文單位，再加上形狀，
最有可能是……

你聽說過黑洞嗎？人類在 2019 年 4 月 10 日立下科學史上重大的里程碑：第一次直接觀測到黑洞！這個黑洞距離我們 5500 萬光年，照片上光環的實際大小是 300 個天文單位。不論「光年」或「天文單位」，都是非常非常大的長度單位，這些距離大到你想破頭也想像不出來。不過，關於這次的黑洞觀測，還出現了另一個單位：「微角秒」，用來表示望遠鏡觀測到的黑洞清晰度，它到底是什麼意思呢？

我們能不能看清楚一件物品跟兩個尺度有關：

物品大小，以及物品距離我們有多遠。

距離愈近看得愈清楚；物品愈大看得愈清楚。比方說，如果你能看清楚 5 公尺外、10 公分寬的物品，當物品在兩倍距離外，也就是離你 10 公尺遠，就得放寬兩倍，變成 20 公分寬，看起來才會一樣清楚。換句話說，看得清不清楚，跟物品大小與物品距離的比值有關。

想像有一個圓，你站在圓心，前方圓周處有一個物品，那麼物品與我們的距離就是圓半徑，而物體大小相當於一段圓弧長。這段圓弧長和圓半徑相除得到的比值，能用「角度」來描述。物體愈小或距離愈遠，眼睛與這段圓弧兩端的連線所夾的角度就愈小；這個角度稱為「視角」。

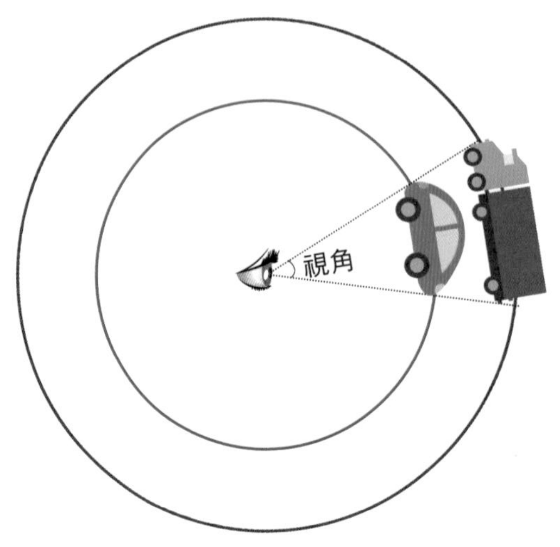

醫學上就是用肉眼可分辨的最小視角，當做衡量視力的標準，正常大約是 $\frac{1}{60}$ 度。視力檢查表上有很多個大小不同的C字，愈往下的C愈小，愈不容易看清楚開口朝向哪邊，而下排愈小的C，所對應的視力數字愈高，那些視力數字其實跟角度有關係，就和望遠鏡所見到黑洞的清晰度一樣。

那麼，微角秒又是什麼呢？微角秒是角度的單位。1度等於60角分、3600角秒，而1角秒等於1000毫角秒，1毫角秒等於1000微角秒，所以：

1度＝60角分＝3600角秒＝3600000毫角秒

＝3600000000微角秒

想想看，正常視力的視角大約是 $\frac{1}{60}$ 度，就能知道觀測黑洞的望遠鏡有多麼厲害了，解析度竟然細到只有42微角秒！

接下來的實驗，我們來驗證角度對視力的影響吧。

數學實驗

1. 尋找三個大小不同的圓形物體，把它們的形狀描在紙上，然後剪下來。

2. 三片圓各對摺兩次，摺痕即為直徑，直徑交叉處是圓心，量出圓半徑。

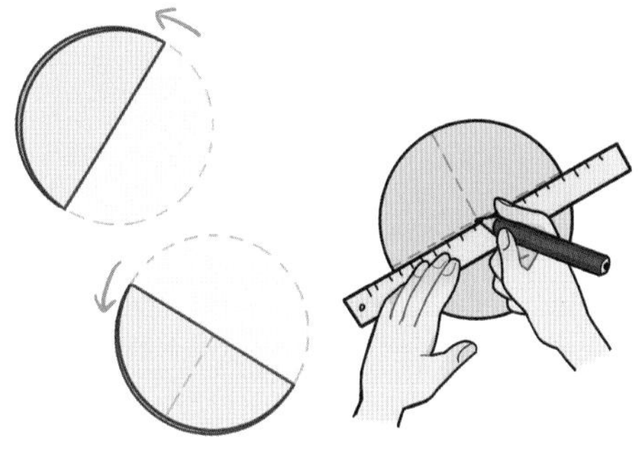

3. 用量角器在三片圓上各畫出一片夾角為 120 度的扇形。

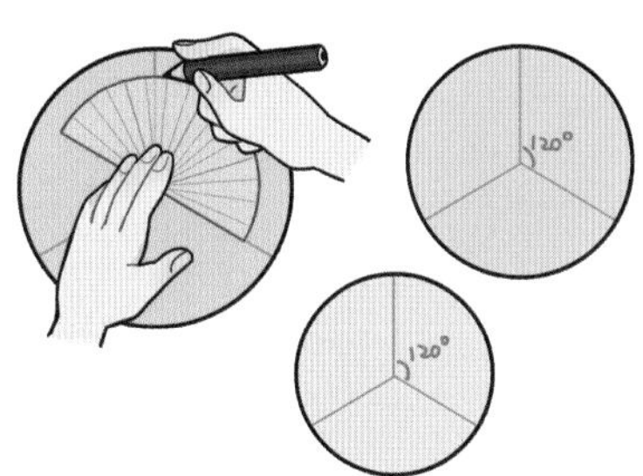

數學實驗

4. 用棉線測量扇形對應到的圓弧長度，再拿尺測量棉線有幾公分，得到弧長。

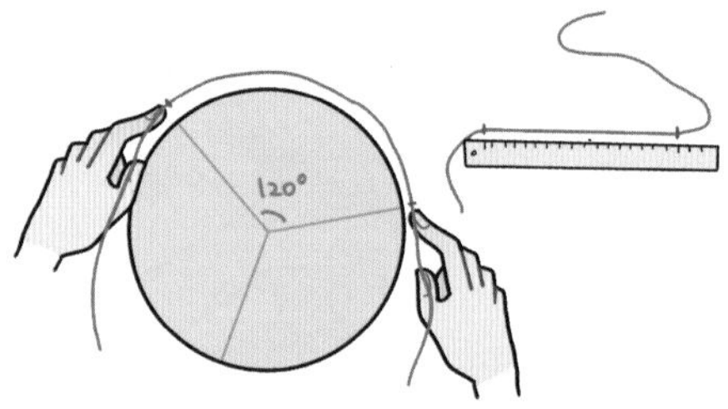

5. 把三組弧線的弧長各自除以三組圓的半徑，得到的數值是否一樣？

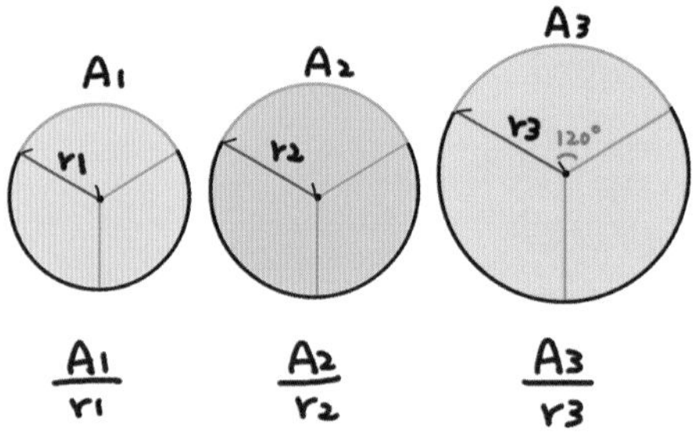

6. 接著把圓的夾角換成 60 度，重複前面步驟，看看得到的數值變成多少？

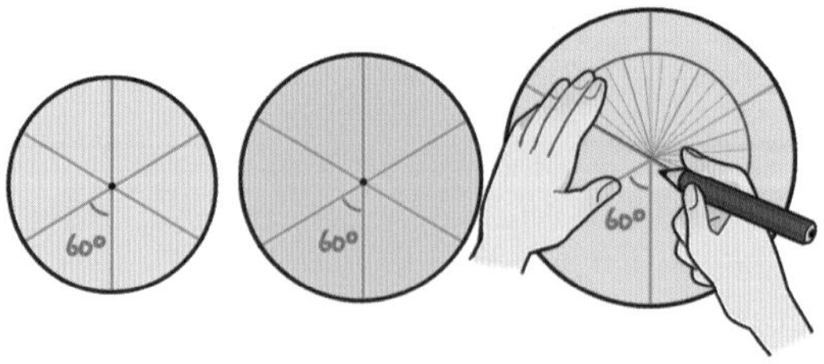

角度與視力的關係

從實驗中我們發現，雖然半徑變長，圓弧變長，但只要扇形的夾角固定，弧長除以半徑的結果就固定不變。但如果扇形的夾角改變了，相除的結果也會跟著改變。

實際操作下來，當夾角等於 120 度，得出的三組「弧長除以半徑」的數值，應該都很接近 2.09。當夾角改為 60 度，為 120 度的 $\frac{1}{2}$ ，得到的數字約為 1.04，大約是 2.09 的 $\frac{1}{2}$ 。由此可知，「弧長除以半徑」的數值跟角度變化有關，跟圓的大小無關。一個完整的圓有 360 度：

$$夾角度數所占比例=\frac{夾角}{360}$$

$$弧長=2\times3.14\times 半徑 \times(\frac{夾角}{360})$$

$$\begin{aligned}弧長 \div 半徑 &= 2\times3.14\times(\frac{夾角}{360})\\ &=6.28\times(\frac{夾角}{360})\\ &=(6.28\div360)\times 夾角\end{aligned}$$

把視角 1 度代入算式中的夾角，可得出：

$$弧長 \div 半徑=6.28\div360$$

回想我們很熟悉的視力檢查表，視力 1.0 或 0.5，實際上是什麼意思？視力 1.0 表示你能分辨 1 角分的清晰度，1 角分等於 $\frac{1}{60}$ 度，代入算式：

$$弧長 \div 半徑=(6.28\div360)\times(\frac{1}{60})\fallingdotseq 0.0003$$

這個數字等同於可看見 10000 公分距離外、3 公分大的物品。視力檢查時，人們一般距離視力檢查表 5 公尺＝ 500 公分，推算可知：

10000 公分：3 公分＝ 500 公分：0.15 公分

這代表視力 1.0 的 C 字開口，應該只有大約 0.15 公分寬。

視力 1.0 相當於可分辨 1 角分的能力；若辨識力為 2 角分，視力為 1÷2 ＝ 0.5，相當於在 500 公分外可分辨 0.3 公分大小的物體。視力 0.2 的夾角就更大了，因為視力只有 1.0 的五分之一，所以只能分辨 5 角分，代表在 500 公分外，可分辨 0.75 公分大小的物體，也就是把視力 1.0 的人所能分辨的物體放大 5 倍，才能分辨得一樣清楚。

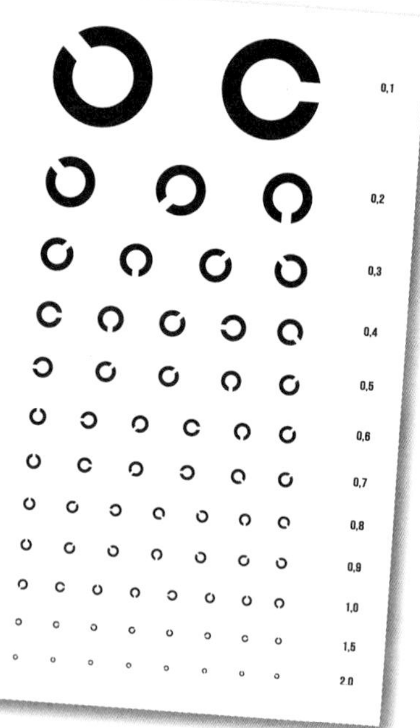

知道這些知識後，下次去量視力時，可以帶把捲尺，量量你跟視力檢查表之間的距離，還有上面每個 C 字的開口大小，驗證看看你算出來的數值，是否和視力檢查表上的一致。

延伸學習

視角？視野？

在這堂課裡面，我們學到的視角指的是，由物體兩端發射或反射的光線，在我們眼球內交叉形成的夾角。物體距眼睛愈遠或物體愈小，則視角愈小。可分辨的視角愈小，能看得愈遠。例如視力 2.0 可辨識的視角為 $\frac{1}{120}$ 度，辨識力為視力 1.0 的兩倍。你也可以推算看看，解析度達 42 微角秒的天文望遠鏡，視覺能力是人類正常視力的幾倍。

視角這兩個字還運用在不同的地方，例如攝影機鏡頭可拍攝的角度——廣角鏡可拍攝的角度較大，長鏡頭可拍攝的角度較小；或指一個人觀察事物的角度——像是從大人的視角來看，或由小朋友的視角來看。

視野又是什麼呢？當眼睛注視某一點，視力所及範圍就叫視野。不同動物的視野大小不同，人類左右眼加起來約有 180 度，眼前的事物大都看得見；有些鳥類的視野超過 300 度，連腦袋後面也看得見呢！

再多想想

視力檢查結果為 1.0 的人，如果把檢查表移到 5 倍的距離外，他會變成只可看見哪一排以上的 C 字呢？

10 自製方塊桌曆

轉一轉，不同的日期就出現了！
沒想到小小幾個方塊，
變化比你想像的還要多！

哦！
6月
2
8
登愣!!
我也要玩！
這不是我的方塊桌曆嗎？我是用來記住期末考日期的！
啊！
3
1
5月
被你弄亂了啦！這樣我就不知道期末考是哪一天了！
……
期末考？不就是明天了嗎？
可是你自己也玩得很高興呀……

4月4日兒童節，期中考、期末考、7月放暑假，還有生日、耶誕節……又在哪一天？生活中經常需要知道日期，才能好好安排各種事項。這堂課就來學做桌曆，自用送禮兩相宜，而且這個特別的日曆還蘊含了數學邏輯，使用起來更有趣。

你看過這種木製桌曆嗎？它由五個木塊構成，包括兩個正方體和三個長方體，正方體用來表示日期，每一面寫上0～9其中一個數字；長方體用來表示月份，四個長方形面分別寫上四個月份，三根木條剛好能表示3×4＝12個月。兩個正方體排在上方，三個長方體並排當做底座，整齊的堆疊起來。

這個桌曆做法不難，你可以用紙張摺成立方體。記得，為了排列整齊，長方體的長必須等於兩個正方體的邊長相加。假設正方體邊長為3，長方體的長度就等於6。另外，長方體的截面積也必須是正方形，而且三個小正方形的邊長加起來，必須等於大正方形的邊長，所以長方體截面積的邊長等於1。

除此之外，製作過程還需要一些巧思，方塊上該填哪些數字是有道理的。

數字排排站

方塊桌曆由兩個正方體上的數字組成兩位數來顯示日期，正方體有六個面，所以個位數可以有六種變化，十位數也有六種變化，加上兩個方塊可以對調，所以理論上共可排出：

6×6×2＝72 種兩位數

不過，方塊上面會有些重複的數字，例如「11 的個位數和十位數對調仍然是 11」，所以還得扣除重複計入的兩位數，變化會少於 72 種。一個月最多才 31 天，應該還是足夠顯示所有日期吧？沒錯，但要適當安排方塊上每一面的數字，不能隨便亂湊。比方說，兩個方塊上的數字如果都是 0 ～ 5，一定無法顯示 6 ～ 9 號、16 ～ 19 號，26 ～ 29 號這幾天。

你可以自己先在紙上畫出兩組各六個的空格，用鉛筆填數字，並想想看要怎麼填，才能用這兩組數字搭配出 1 ～ 31 號。接著，我們來親手製作方塊桌曆，發掘其中的數字奧祕吧！

數學實驗

1. 在紙板上畫出兩個正方體跟三個長方體的展開圖，可試試文章內提供的尺寸，或按比例放大、縮小。

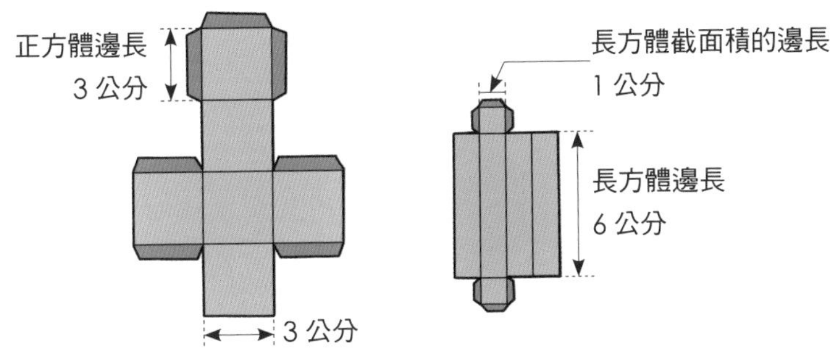

2. 把展開圖剪下來黏貼，製作出五個立方體。

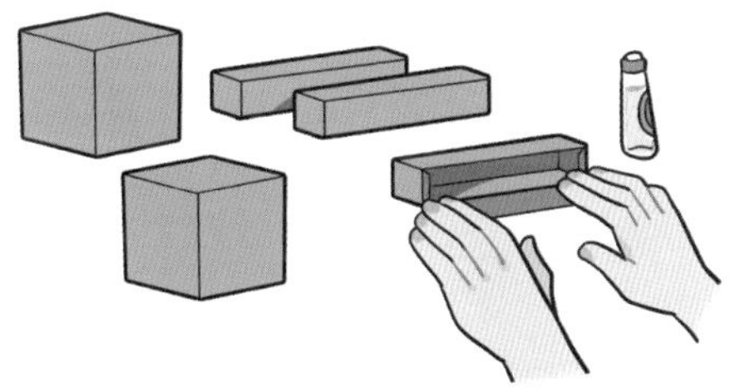

3. 在三個長方體的長方形面上分別寫下「1 月」到「12 月」，也可以用英文。

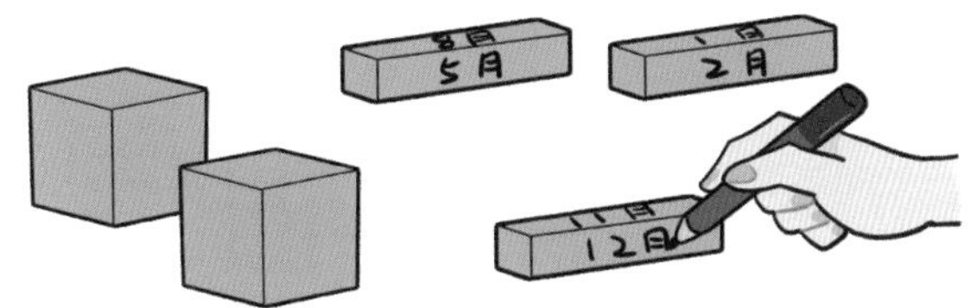

4. 在第一個正方體的六面分別寫下0、1、2、3、4、5，第二個正立方體的六面則寫下0、1、2、6、7、8。

注意，「6」要寫得顛倒過來後像是「9」。

5. 用彩色筆跟貼紙加工裝飾，展現你個人獨特的設計。

6. 把五個方塊堆疊排列起來，自製桌曆就完成啦。

翻轉方塊玩數字

轉轉看兩個正方體，你會不會有點困擾？

「9、19、29 號怎麼顯示出來呢？」

不用擔心，把數字 6 上下顛倒，不就有 9 了嗎？再試試交換方塊的位置，是不是所有日期都能搭配顯示出來呢？其實，在步驟四中，正方體上的數字可以有好幾種不同的寫法，但一定要遵守以下兩個規則：

兩個正方體上各自都要有 0、1、2，
6 跟 9 **共用一個面。**

這兩條規則怎麼來的呢？首先，兩個正方體共有 12 面，這 12 面中，我們先寫下 0 ～ 9 這 10 個數字，剩下的兩個空白面可以寫上重複的數字。也就是說，有兩個機會可以組成十位數和個位數重複的日期。想想看，1 跟 2 一定得重複出現吧！因為每個月都會遇到 11 號跟 22 號。

這樣乍看之下沒有問題，但是還有一個重要的關鍵。假設正方體上面各寫成 1、2、3、4、5、6，以及 1、2、7、8、9、0 這兩組數字，轉一轉後你會發現，無法顯示 7 ～ 9 號這三個日期！因為日期顯示必須由兩個方塊配成「07、08、09」，但只有一個正方體上有 0，而 7 ～ 9 又跟 0 位在同一個方塊上，

所以湊不出 7 ～ 9 號的日期。由此可知，兩個方塊一定都要有 0，才能順利顯示 1 ～ 9 號。這就是第一條規則的原因。

因此，這兩個正方體的 12 個面上必須有重複的 0、1、2，這會用掉六個面，12 － 6 ＝ 6，剩下六個空白面，可是還得再填上 3 ～ 9 共七個數字，該怎麼做呢？幸好，正方體具有完美的對稱性，可以任意旋轉。所以，我們使用第二條規則，把 6 跟 9 寫在同一面，讓 6 上下顛倒時可當做 9 來使用。最後剩下的五個面，就可以任意填上 3、4、5、7、8 了。

這兩個正立方體上特定的數字安排，是為了顯示一個月裡所有的日期，你還可以算算看，除了 01 ～ 31 之外，這兩個正方體還能搭配出幾種數字排列呢？

一個正方體可呈現六個數字，另一個正方體的其中一面可顯示成 6 或 9，所以有七個數字，加上正方體能彼此對調位置，所以共有 6×7×2 ＝ 84 種排列。再來，考慮重複的狀況，兩個正方體上各有 0、1、2 的數字一樣的，即使對調也只能算一種，因此得扣掉 3×3 ＝ 9 種。

84 － 9 ＝ 75，共可顯示 75 種數字組合。

看似普通的桌曆，原來隱藏了數學概念，將兩個六面體使用得淋漓盡致。把你用心自製的桌曆送給朋友或親人之前，你也可以考考他數學！

延伸學習

電子桌曆的數字

電子桌曆跟計算機螢幕一樣，以「七段顯示器」來呈現數字，意思是只靠七條線段的變化，就能顯示 0～9 的數字。電子桌曆使用兩個七段顯示器來表示日期的兩個位數，讓所有的日期都能顯示出來。

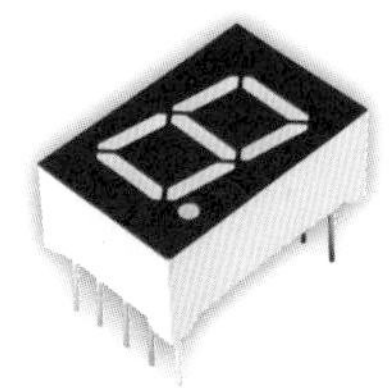

再多想想

如果把表示日期的方塊改成三個正四面體，每次可以挑兩個來使用，它們上面要分別填上什麼數字呢？

11 BMI值裡的數學

測量身高體重可以了解發育狀況。
我們常聽到的 BMI 值，
就是根據這些數據計算出來，
這堂課來了解它背後的數學吧！

呼叫！呼叫！緊急事件！桌上的現烤腓力牛排不見了！
!?
Go!
這裡有線索，想必是犯人留下的！
BMI=14
喵~
犯人踩過體重機，待我查詢紀錄！
我是智能體重機，可以記憶體重。
這是今天來過的客人，BMI = 14，究竟是誰呢？大家一起來算算看吧！

A君：
50 公斤／170 公分

B君：
85 公斤／165 公分

C君：
45 公斤／160 公分

70 公斤／175 公分

……

21 公斤／120 公分

? ?

13 公斤／30 公分

嗯哼~
5 公斤／40 公分

你覺得自己長得胖或瘦呢？太瘦顯得發育不良，但如果身材胖胖的看起來很「福氣」，也可能不健康。那到底要怎麼判斷呢？怎麼樣才算是胖？體重計顯示的數字很大，就代表肥胖嗎？但如果一個人的身高很高，體重難免比較重啊！

針對這個問題，19世紀的比利時數學家凱特勒（Adolphe Quetelet）認為，一個人是否肥胖，應該有統計數字做為判斷的標準，於是發明出身體質量指數BMI（Body Mass Index），把體重跟身高一併考慮計算，用來表示一個人的肥胖程度。就像是否發燒可以從溫度計的數字來判斷，是否過胖也可以用BMI值來判斷，BMI值愈高，代表肥胖程度愈高。它的計算公式是：

$$\text{BMI} = \frac{\text{體重（公斤）}}{\text{身高（公尺）} \times \text{身高（公尺）}}$$

其中體重以公斤計，身高以公尺計。

在數學上，「自己」乘「自己」可以表示為「自己」的二次方，把2寫在數字的右上角，公式就能化簡寫成：

$$\textbf{BMI} = \frac{\textbf{體重（公斤）}}{\textbf{身高（公尺）}^2}$$

根據衛福部建議，成人的BMI值應該落在18.5～24之間，小於 18.5 的人太瘦，大於 24 的人則是過重。

以身高 170 公分的人為例，把數字代入 BMI 公式：

1.7×1.7×18.5 ＝ 53.465 公斤

所以當體重低於 53.465 公斤，代表過輕。

1.7×1.7×24 ＝ 69.36 公斤

體重高於 69.36 公斤，代表過重，得多運動、控制飲食，免得 BMI 值一路上升到 27 以上，成為輕度肥胖，甚至竄高到 35 以上，成為重度肥胖！

你可以利用 BMI 的公式，算算看自己和同學，還有其他大人的 BMI 值。可是……計算之後，你或許會發現一個微妙的現象，自己和同學的 BMI 數值似乎普遍低於 20，而大人的 BMI 值則普遍較高。難道，小孩就不比大人胖嗎？好像也不見得！會出現這種現象，其實是 BMI 公式裡分母中的身高所造成的影響，使 BMI 跟真實狀況產生了落差。如今 BMI 公式漸漸被視為不夠精準，因為身高較矮的人，例如孩童，BMI 值通常偏低，容易造成過瘦的誤解。

你可能也會好奇，BMI 的公式為何如此計算？公式顯示，BMI 值和體重成正比，和身高 ^{2} 成反比。為什麼是用身高的二次方計算呢？這代表什麼意義？其實這是凱特勒把原先很複雜的公式化簡的結果，我們先來做個實驗，再揭曉化簡的過程。

數學實驗

我們先來檢驗看看，孩童的 BMI 值是不是真的偏低？
依照國人的平均數據畫出圖表，看看結果如何吧！

1. 下面表格是來自衛福部的資料，顯示臺灣 6 ～ 18 歲的男性與女性的平均身高與體重，請計算出擁有「平均身高」與「平均體重」的男性和女性，在不同年齡的 BMI 值，同時也算出你自己的 BMI 值。

	年齡	6	8	10	12	14	16	18
男	身高 (cm)	118.2	130.7	142.5	154.6	166.7	169.2	173.3
	體重 (Kg)	21.9	29.4	40.4	50.1	56.0	57.1	67.1
	BMI							
女	身高 (cm)	119.4	131.7	142.4	155.2	158.6	158.5	160.7
	體重 (Kg)	21.7	30.0	36.3	51.8	49.8	52.3	62.6
	BMI							

你的身高：＿＿＿＿＿＿＿＿＿＿（公分）

體重：＿＿＿＿＿＿＿＿＿＿（公斤）

BMI：＿＿＿＿＿＿＿＿＿＿

注意：計算前先把身高的單位改成公尺

數學實驗

2. 將計算結果畫成座標圖，橫軸是年齡，縱軸是 BMI。並根據自己的年齡和性別，把自己的 BMI 值標示在圖上。

3. 把橫軸與縱軸對應的每一點連起來，你看到怎樣的線條趨勢呢？自己與同年齡同性別的人相比，是偏瘦或偏重？

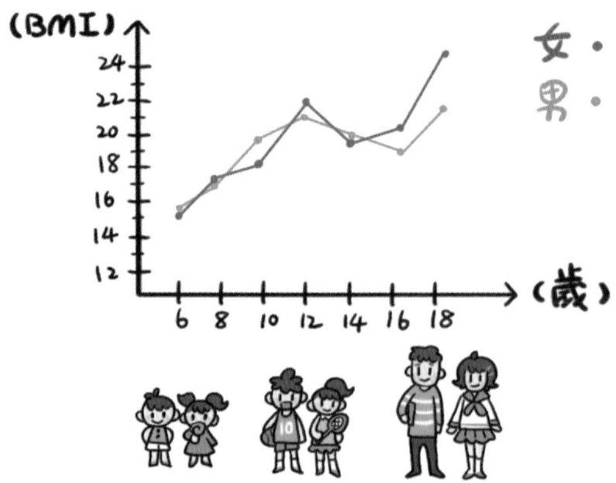

剖析 BMI 公式

你畫出來的圖是否顯示，一位平均身材的人，在孩童時期的 BMI 值較低，隨著年齡增加，BMI 值也逐漸增加？用常識來想，這絕對不能用「一個人愈長愈胖」來解釋。由於孩童、青少年正值發育期，身體組成變化非常大，不能用衡量成年人的標準，來判別青少年或孩童的胖瘦，因此衛福部公告的「標準 BMI」是隨著不同年齡而變化。例如 6 歲男童的標準值是 13.5 ～ 16.9；14 歲男童則是 16.3 ～ 22.5。

不同的標準解決了不同年齡的差異；不過，我們在做實驗之前所提到的問題仍然存在，BMI 公式用在小個子的人身上，計算起來就是會偏低，所以目前所用的標準仍有造成誤解的疑慮，有必要修正。但這個標準當初是如何訂定出來的呢？

發明 BMI 公式的凱特勒認為，如果人們成長時，長、寬、高增加的比例都一樣，體重應該會跟身高的三次方成正比；但是實際上並不是這樣。

根據觀測與計算，隨著年齡成長，人們體重的二次方約與身高的五次方成正比。用數學式子表示為：

那為什麼現在的 BMI 會用身高二次方做為分母呢？一個很大的原因是為了方便計算。

想想看，如果徒手計算連乘五個身高，還要再乘上兩個體重，前面的實驗得花好幾倍的時間才能做完！在 19 世紀，大多數人的數學能力不像現代人這麼好，也沒有厲害的計算機，所以一個好算的「近似值」是必要的。把身高少乘一次做為近似值，則：

$$\frac{\text{體重}^2}{\text{身高}^5} \text{ 可簡化成 } \frac{\text{體重}^2}{\text{身高}^4}\text{，等於}\left(\frac{\text{體重}}{\text{身高}^2}\right)^2$$

於是化簡為現在的算式。

然而，取近似值一定會有誤差。英國牛津大學教授特拉費森（Nick Trefethen）指出，在現代，有計算機的幫忙，我們應該可以使用更複雜的新公式，讓誤差變小：

$$\text{BMI} = \frac{1.3 \times \text{體重}}{\text{身高}^{2.5}}$$

套用這個新公式，小個子的 BMI 值會比舊公式算出來的高，變得胖一些；反過來，高個子的 BMI 值會變小，表示他們其實沒那麼胖。而年紀還小的我們，因為是小個子，用舊公式算出來的 BMI 值較低，可以用新公式修正過來。

延伸學習

瘦瘦的胖子？

身體要健康，太胖當然不是好事，但只要維持纖瘦的身材就可以了嗎？其實還要講究體脂肪，也就是身體脂肪重量占體重的百分比。

體脂肪會隨性別與年紀而不同，根據教育部與衛福部資料，在青春期之前，男女生體脂肪比率大都約為 15%，日後女性的體脂肪會高於男性。當男性體脂肪比率超過 25%，女性超過 30%，代表體內脂肪過多，即使 BMI 值和體重正常，仍然過胖，可說是個瘦胖子。

過胖容易導致心血管疾病、糖尿病與代謝問題，想要保持健康，必須維持均衡的飲食，避免過多油炸物或甜食，並保有良好的運動習慣與睡眠，才能兼顧身材與健康。

再多想想

使用步驟一表格的數據，用電腦或計算機幫忙計算出 $\frac{體重^{2}}{身高^{5}}$，再將結果開根號（計算機上的符號是√￣），同樣畫出圖表，看看是否還有「隨著年紀增胖」的現象？

Happy Birthday

12 正方形蛋糕怎麼平分？

生活中免不了要切蛋糕，
這次挑戰等分正方形蛋糕的數學關卡，
掌握這一招，
就能把蛋糕公平分給家人和朋友！

是蛋糕！看起來好好吃！
小狗不能吃這個啦！
擋住！
有信吔！
正方形蛋糕邊長20公分
DEAR 探長：
我家遭遇史上難題，有人送來這麼一盤蛋糕，我家四個小孩堅持每個人要吃到一樣多，真不知怎麼平分才好？請探長幫忙。
要不然……就請探長幫忙吃掉吧……
謝謝！
OOXX敬上
讓我想想……
嗯……
唔
嗯……
苦惱~
不如由我來幫忙吃掉吧！
重點是在邊長吧！
嗯哼！

每次切蛋糕時，總會有人對我說：「你數學最好，交給你來切，平分給大家吧。」然後把蛋糕刀塞到我手裡，要我面對各種難度不一的幾何問題。

如果要切成四等分、八等分，不會太難，只要先找到蛋糕的圓心，再切兩條通過圓心、彼此垂直的直線，就有四塊蛋糕；如果要八塊，沿著原來的直線轉 45 度角，切出另外兩條通過圓心的直線，就能八等分了。這個四等分和八等分的切法，對正方形蛋糕也管用。

不過想想看，分完四等分、八等分之後，下一個很容易平分蛋糕的人數是多少呢？答案通常是 16 人。原因是，人類擅長用直覺「切一半」，把四等分再切一半就是八等分，所以四等分的蛋糕數量是 $2 \times 2 = 4$，八等分是 $2 \times 2 \times 2 = 8$，再繼續切一半就是 16 等分，$2 \times 2 \times 2 \times 2 = 16$。

2 相乘的數量，可以寫成「2 的幾次方」，只要人數是「2 的二次方」、「2 的三次方」、「2 的四次方」……理論上都能夠把蛋糕平分給他們。然而，當人數不是 2 的幾次方，例如有六個人，該怎麼辦呢？

為了因應生活中經常出現的切蛋糕難題，市面上有一種專門的「蛋糕均分器」，它小小一個，邊緣有很多條凹槽，能把圓形均分為等分。你只要把蛋糕均分器插在蛋糕中間，用蛋糕刀循著凹槽往外切出一道道直線就可以了。例如有 12 個凹槽的蛋糕切分器，能切出 12 塊一模一樣的蛋糕。如果每間隔一個凹槽才切一刀，會切出六道直線，也就是把蛋糕六等分了。因為 12 可以被 1、2、3、4、6、12 這些數字整除，所以你能利用這個均分器，把蛋糕切成不同的等分數，真是很棒的切蛋糕道具！

蛋糕均分器的造型如同這種簡單圖形。

不過很遺憾的，這個道具有個致命傷，它只適合用來等分圓形的食物，一旦換成正方形蛋糕就沒轍了。

有什麼其他辦法，能把正方形蛋糕分成六等分呢？好在我們有最強的工具——數學，掌握數學原理就能破解很多難題。

請你把鉛筆盒裡的尺拿出來，讓我們來看看，怎麼把正方形蛋糕切成六等分吧！學會這一招，不只蛋糕，像是吐司、鬆餅、派……等其他正方形的食物，你也都能試試！

數學實驗

1. 準備一份正方形的食物，如蛋糕、吐司、鬆餅……等。也可自己用黏土捏一個模型做實驗。

2. 用尺測量蛋糕邊長後，乘以 4 即是周長，再將周長除以 6。以邊長 24 公分為例，會得出 16 公分。

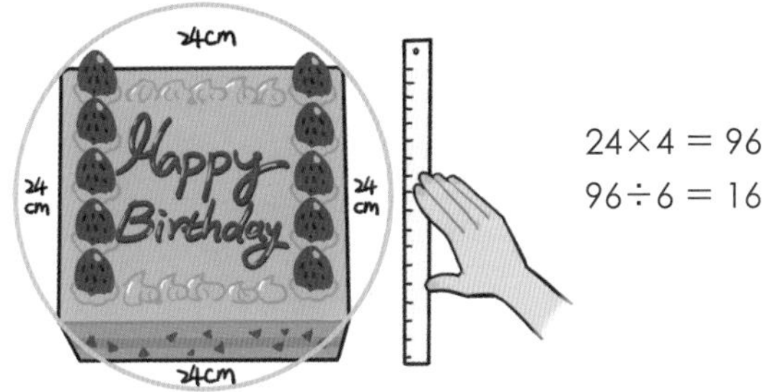

$24 \times 4 = 96$
$96 \div 6 = 16$

3. 在正方形周圍每隔 16 公分做一個記號，總計有六個記號。

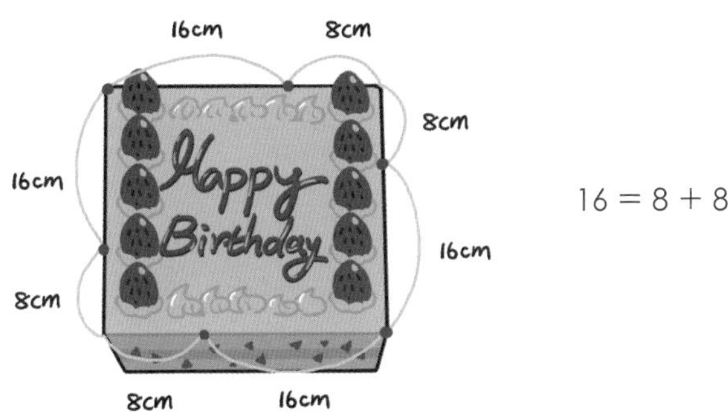

$16 = 8 + 8$

4. 先從蛋糕的對角線交叉點找到正方形的中心點，然後由中心往各個記號切下蛋糕，共六刀。

5. 結果切出如下圖的六塊蛋糕。

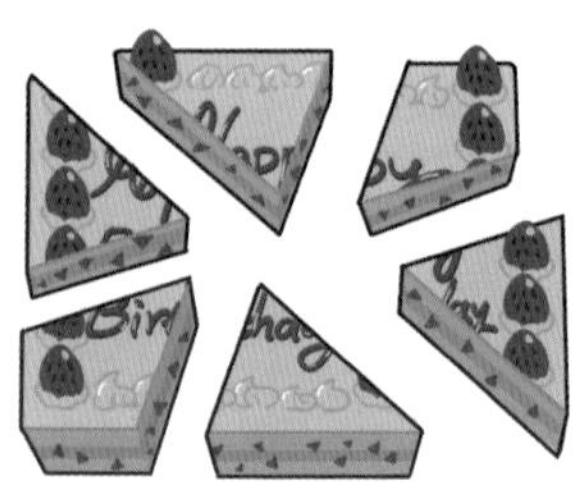

6. 將切出來的六塊蛋糕拿去秤重，比較重量是否相同。

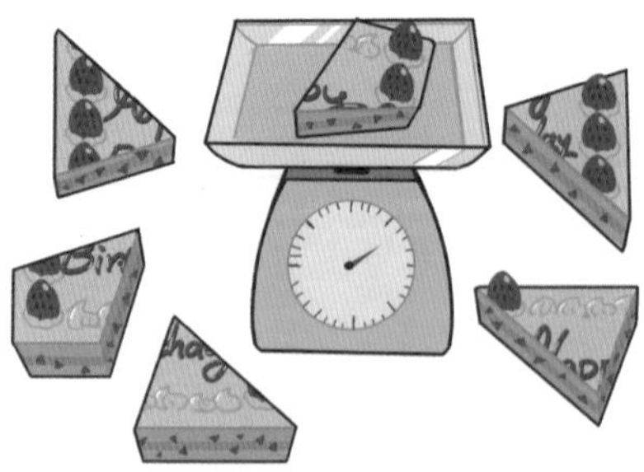

看角度不如看周長

實驗最後，六塊蛋糕秤出的重量應該差不多，由於蛋糕厚度相同，代表切出來的每塊蛋糕底面積相等。你可以重複實驗，把蛋糕等分成其他的數量，例如五等分、八等分或十等分，方法都一樣是把周長除以 5、8 或 10，再依照固定間隔做記號，最後切分蛋糕。

你也可以用這個方法把蛋糕切成四等分，你會發現，其實從正方形蛋糕中心點切到四個角，就能把蛋糕分成四塊一模一樣的三角形。只是，為什麼這個「等分周長」的方法這麼厲害？明明切出來的形狀不一樣，有些是三角形，有些是四邊形，結果卻是每一塊都一樣大！這裡的關鍵知識是：

三角形面積＝底 × 高 ÷2

我們來仔細看看切分出來的六塊蛋糕，共有四個三角形，兩個四邊形。以三角形來說，底邊為 16 公分，而它的一個頂點在大蛋糕的正中心，所以底邊上的高是原本大蛋糕邊長的一半，24 公分的一半為 12 公分，三角形的面積是：

16×12÷2 ＝ 96 平方公分

四邊形怎麼算面積呢？試看看把一個四邊形拆成兩個三角形，如下圖虛線所示，是不是就能計算了？你會發現，四邊形分割成的兩個三角形，底邊都是 8，高度同樣也是 12。所以小三角形的面積是：

8×12÷2 ＝ 48 平方公分

兩個小三角形合起來是 96 平方公分，跟其他四個三角形一樣大。我們用數學證明出蛋糕的確均分為六等分了！

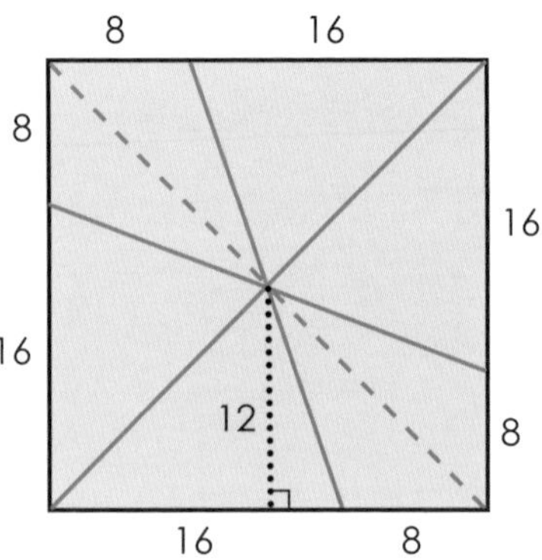

以平分周長的方式切正方形蛋糕，無論把蛋糕切分成幾等分，都可以切成三角形或四邊形，四邊形又可以分為兩個三角形。所有三角形的高，都是大蛋糕中心點到邊長的垂直距離。在大蛋糕周長上間隔相同距離做記號，就是為了保持三角形底邊長度一樣，或相加之後一樣。既然底和高都一樣，切分出來的面積自然也一樣，因此能順利的等分正方形蛋糕。

最後，還是要提醒一下，這個方法只限於「厚度」一樣的正方形蛋糕，如果你的蛋糕厚薄不均，那就不保證可以公平的切分給朋友啦！

延伸學習

蛋糕切歪了！？

想像一下，如果有兩個人想平分蛋糕，要怎麼做才能讓兩人都覺得公平呢？這個問題乍看之下很簡單，把蛋糕對切就行了，但也可能有人抗議蛋糕切歪了。該怎麼分配，才能讓彼此都服氣呢？

有個好辦法可解決這個問題：讓其中一人負責切蛋糕，假設是 A，另一個人先選蛋糕，假設是 B。由於 A 必須等 B 選完，剩的那塊才是自己的，所以一定會盡可能把蛋糕切平均，不論選哪一塊他都覺得公平；B 因為可以先選蛋糕，也就不會質疑 A 是否切歪了。類似的概念，也可用來處理多人分蛋糕的狀況，只不過過程複雜許多，需要經過大量的步驟。兩位電腦科學家在 2016 年提出理論，一舉解決了這個問題 。

再多想想

如果是長方形蛋糕，等分邊長的策略能用嗎？或是該怎麼調整呢？

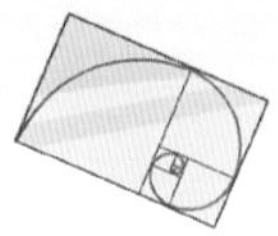

數感小棧

專注的力量

這兩次經驗
讓我深深體會到「專注」的價值。
原來只要夠專注，
做事的效率自然提升，
也就不容易遇到書念不完的問題了。

剛升上高三那年，我的成績在班上差不多排名中間。如果當時有人跟我說：「一年後你會考上二類組第一志願，平均每科分數超過 80 分。」我一定覺得那個人瘋了。畢竟，高一、高二的我念書不是很認真，怎麼看都距離第一志願非常遙遠。

但後來我做到了。當然，裡面少不了運氣的成分，但高三那年我也真的很努力，不只努力念書，還努力建立了念書習慣。

高三經驗

當時，我為自己安排了複習進度，白天在學校跟著課表，晚上回家，就照自己安排的進度念書。我把進度表壓在書桌軟墊底下，規定自己每天回家後，先吃飯休息到六點半，六點半到八點念一科；休息十分鐘，八點十分到九點四十分再念一科；再休息十分鐘，九點五十分到十點半還可以念一科；之後上床睡覺。

規劃課表時，我把需要背誦與理解的科目交錯，複習、學習、考試、檢討等各種任務也平均分配。我甚至會在學校舉辦的模擬考之間，安插自己的模擬考，精準掌握讀書的狀況。

就這樣，高三那一年我的成績愈來愈有起色，最後考上了原本想都沒想過的科系。

事後我覺得有點不可思議，不是因為能考上好科系，而是因為我竟能遵守那麼嚴格的規範，度過一整年。更沒想到這個規範帶來的效果，竟然如此的大。

那是我第一次體會到「專注」的威力。

$6\times6=6+6+6+6+6+6$

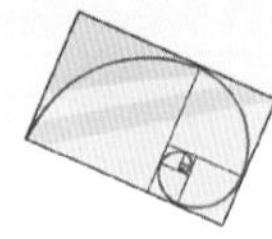

德國經驗

又過了六、七年，我成為一位博士生，到德國做研究。出發前，我心裡想著：

歐洲風景優美、歷史悠久。我從租屋處走路出門，五分鐘就能抵達聯合國文化遺產阿亨大教堂，還有石板路鋪成的老城區、市政廳廣場；如果搭火車，三小時內可以到達法國巴黎、比利時布魯塞爾、荷蘭馬斯垂特等等，我的歐洲生活一定超級多采多姿，超好玩的！

奈何想像與現實完全相反。

我依然和在臺灣一樣，每天都在住處與實驗室之間往返。在臺灣有朋友可以一起玩，剛到德國，人生地不熟，白天忙著適應新環境，晚上回家要煮飯，如果想趁假日出遊，得先把家事做好、把菜買好，時間完全不夠用。到頭來，我只差沒拿一顆球畫上臉，跟它聊天了。

在德國實驗室做研究，和在臺灣有什麼不同？「不都是對著電腦寫程式嗎？」有什麼需要適應的呢？

讓我舉一個例子。在臺灣，多數的研究生，包括我自己在內，幾乎都把實驗室當成第二個家，在那裏待上大把時間，做研究、社交、休閒。但在德國，每天下午六點左

右，走廊上就會陸續傳來腳步聲，同事們開始三三兩兩的背上包包，跟大家說「掰掰」。工作時間只從早上九點到下午六點，假日是不進實驗室的，這是大家的默契，也是許多德國人的習慣。

如此一來，我做研究的時間自然少了許多，但我的研究產出，卻沒有變少。

關鍵是什麼？也是「專注」！

雖然研究時間變少，但在實驗室裡，所有人都全心投入研究。舉例來說，我剛到實驗室的前幾天，有人來找我講話，但沒講幾句，就有德國同學跟我說：

「不好意思，請你們到外面講好嗎？這樣會影響我們想事情。」

一開始我還有些不開心，覺得不太友善，但後來仔細觀察我才發現，我所在的實驗室，一整天多數時候，只聽得到電腦風扇運轉或鍵盤敲擊的聲響。久而久之我也融入其中，在實驗室就全心投入研究。這麼做，讓我再次享受到專注帶來的高效產能。

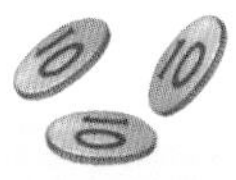

6×6=6+6+6+6+6+6

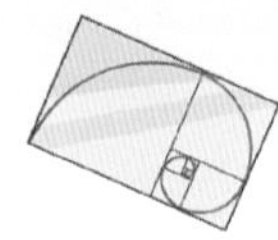

重點不在時間長短，而在專注

這兩次經驗讓我深深體會到「專注」的價值。原來只要夠專注，做事效率自然提升，比較不容易遇到書念不完的問題。相反的，有時念書時間如果拉得太長，反而會降低專注力，讓效率變差。

以我高三的經驗來說，我並沒有熬夜增加念書時間，一方面是不習慣這樣的作息，二方面是根本沒效果。老實說，一開始我的確嘗試過，但發現只要非常認真的念到十點半、十一點，我就已經耗盡心力了。

在德國做研究時也是一樣，雖然每天六點下班，但下班後我只能放空的煮煮菜、看看電視，很少再做研究。

念兩小時的書，

或許比念三小時還要有用。

但即使有這些經驗，充分感受過專注的好處，我也不是隨時想專心就能真的專心。

專注需要打造

我自己的經驗是，專心需要準備與規劃，包括建立習慣。要讓在哪個時間點該做什麼事，變成一種自然而然的反射動作。

其次是周遭環境的配合。記得小時候有個夏天的暑假，我躺在客廳的地板上，午後時刻非常安靜，這時我發現自己聽見了樓下的聲響，還能分辨外面的車究竟是從左方還是右邊來。原本完全無法察覺的事物，當安靜下來後，變得非常清楚。

我在德國做研究時，也發生過同樣的現象。在非常安靜的研究室裡，我常常早上工作到一半，覺得眼鏡上有些灰塵或痕跡，這時就得跑去洗眼鏡，弄得乾乾淨淨，回來才能繼續工作。

因為處在很寧靜、很適合專注的環境下，
讓我能更加靜下心來，
進而發現原本沒注意的事情。

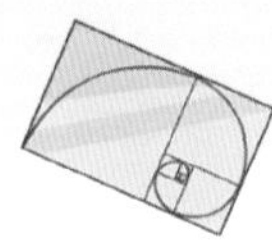

說到底，好的環境其實是幫助自己調整狀態。例如，如果今天剛打完一場球，滿頭大汗立刻跑去念書，效果一定不好；如果剛打完一場電動，滿腦子還是剛才的戰況，當然也無法專心。換句話說，如果你希望自己專心念書兩小時，除了要規劃好固定的時間、地點，念書之前與之後所做的事也很重要。

每個人能進入專注的做法不太一樣，
想找到適合自己的方法、建立自己的習慣，
需要一段時間的摸索。

現在，先理解「專注」的力量，努力往專注的方向前進，逐步為自己打造一個有效的念書及生活習慣，就是一個很好的開始了。

等一下要專注的
享用巧克力～
這隻狗正專注的
準備偷吃～

賴爸爸的數學實驗：12 堂生活數感課

作者／賴以威
繪者／張睿洋、大福草莓

出版六部總編輯／陳雅茜
資深編輯／盧心潔
美術設計／趙　璦

圖片來源／漫畫：張睿洋
實驗步驟圖：大福草莓
照片及其他圖片：p17、p18-19、p33、p70、p90、p99、p106、p116、p121、p127、p128©Shutterstock；p23、p33©Wikimedia Commons；p110©EHT Collaboration；p112©Freepik

發行人／王榮文
出版發行／遠流出版事業股份有限公司
地址：臺北市中山北路一段 11 號 13 樓
電話：02-2571-0297　傳真：02-2571-0197　郵撥：0189456-1
遠流博識網：www.ylib.com　電子信箱：ylib@ylib.com
著作權顧問／蕭雄淋律師

ISBN 978-957-32-9145-9
2021 年 7 月 1 日初版
2023 年 7 月 20 日初版二刷
版權所有．翻印必究
定價．新臺幣 350 元

賴爸爸的數學實驗：12 堂生活數感課 / 賴以威作 . -- 初版 . -- 臺北市：遠流出版事業股份有限公司 , 2021.07
面；　公分
ISBN 978-957-32-9145-9（平裝）

1. 數學 2. 通俗作品
310　　110007823